DAZAO
GANGWEI
SHENGRENLI

打造
岗位胜任力

范刚◇著

中华工商联合出版社

图书在版编目（CIP）数据

打造岗位胜任力 / 范刚著. -- 北京 : 中华工商联合出版社，2018. 12

ISBN 978 - 7 - 5158 - 2112 - 2

Ⅰ. ①打…　Ⅱ. ①范…　Ⅲ. ①成功心理-通俗读物
Ⅳ. ①B848. 4-49

中国版本图书馆 CIP 数据核字（2018）第 280682 号

打造岗位胜任力

作　　者：范　刚
责任编辑：吕　莺　董　婧
封面设计：张　涛
责任审读：李　征
责任印制：迈致红
出版发行：中华工商联合出版社有限责任公司
印　　刷：河北飞鸿印刷有限公司
版　　次：2019 年 5 月第 1 版
印　　次：2022 年 4 月第 2 次印刷
开　　本：710mm×1000mm　1/16
字　　数：270 千字
印　　张：15
书　　号：ISBN 978 - 7 - 5158 - 2112 - 2
定　　价：45. 00 元

服务热线：010 - 58301130
销售热线：010 - 58302813
地址邮编：北京市西城区西环广场 A 座
19 - 20 层，100044
http：//www.chgslcbs.cn
E-mail：cicap1202@ sina.com（营销中心）
E-mail：gslzbs@ sina.com（总编室）

前言

当今世界经济一体化的趋势在不断加强，相伴而生的是市场竞争的日益强化。出于应对竞争的考虑，当今企业组织对高素质人才的依赖性更加强烈，尤其是依赖于管理者和员工的高胜任力。毫不夸张地说，任何一个企业和组织，对管理者和员工的最基本期望就是对胜任力的期望。

胜任的管理者是企业的中流砥柱，是员工最好的表率，是带动团队的领头人，可以为企业创造出良好的效益、带来较大的利润；而有胜任力的员工则是企业创利的基本组织部分，他们能够达到最基本的工作要求，即便遇到再大的难题也能够主动地找办法解决问题；能够弥补领导的不足，成为领导的左膀右臂；能够对企业怀有一丝不苟的责任心，对企业极其忠诚；具有专业技术和独特能力，能够不折不扣地执行领导交代的任务。

身为管理者，希望拥有什么样的员工，就应该用什么样的方法或者心态去培养他们，去带动他们，员工的胜任力固然与其自身努力有着直接的关系，但更缺少不了有胜任力的管理者的带领与引导，以及工作的磨炼和经验的积累。

凡是企业优秀部门的工作团队，都是在有胜任力的管理者亲自带领下，经过不断的人员优化组合与耐心磨合，才能形成典范。

俗话说“美玉非天成，妙手巧雕琢”，同样，要想成为有胜任力的员工和管理者，也需要用心学习，增强胜任力，这样才能早日在人才济济的企业中脱颖而出，成就自己的成功梦想。

目 录

上篇 管理者胜任力诊断

中篇　管理者胜任力提升之道

下篇　打造全员胜任力

上篇

管理者胜任力诊断

构建胜任力系统和价值体系

胜任力被誉为“组织发展的优秀基因”，达到胜任力要求的员工，才能在工作中取得优秀的工作表现与绩效；反之，如果不具备相应的胜任力，员工则很难取得优异的绩效。从这个角度看，对于中基层管理者而言，树立基于胜任力的管理价值观，根据胜任力标准进行人才的选拔和培养，可以保证部门人力资源发展的连续性，并能保持组织竞争优势的持续性。

1973年，哈佛大学的戴维·麦克兰德教授提出个体的态度、价值观、自我形象、动机和特质等潜在的深层次特征，都可以称为“胜任力”，胜任力是可以被测量或计数的，并且能显著区分优秀与一般的个体特征。

“胜任力”这一概念出现后，胜任力的管理知识逐渐被大量知名企业引入日常管理，成为员工管理中的一项重要的基石性工具。

打造岗位胜任力

管理大师杰克·韦尔奇在他的《赢》一书中，将“战略三部曲”展现得淋漓尽致，他认为成功的战略有三个步骤：

首先，对你的管理工作制定一个大方向上的规划，即找到聪明、实用、快速的能够获得持续竞争优势的办法。

其次，把合适的人放在合适的位置上，以落实制定的规划。这一点说起来简单，其实不然。无论何种层级的管理者，在实施计划的时候都需要弄清楚，什么类型的人适合从事什么样的事。因为岗位和员工的技能匹配起来，效果才会更佳。

再次，不断探索能实现计划的最佳实践路径。无论是在自己的部门内，还是在部门外，都要试着去寻找实现计划的方法、手段，并且自己还要不断提高。如果你的团队是个学习型的团队，员工渴望每天都能把一切做得更好，那你的计划也许就能充分发挥其效力。因为员工们会通过各种方式学到最好的技能，不断提高工作效率。相反，即使你拥有世界上最好的计划，但如果没有学习型文化氛围，也是难以获得持久的助推力和竞争优势的。

在杰克·韦尔奇的“战略三部曲”中，虽然没有出现“胜任力”一词，但我们可以看出，他的管理思想处处体现着胜任力的价值观。

杰克·韦尔奇认为，员工如果能在岗位上产生高绩效，那就意味着“把合适的人放到了合适的岗位上”，而“合适的人”就是那些具备岗位胜任力的人。“胜任力”模型的构建，就是对企业内部实践经验的最佳探索。其中，“标杆”模型的参照，就是企业外部实践经验的最佳探索。

作为通用电气前 CEO 的杰克·韦尔奇，始终认为对员工管理的提升是自己对公司的最大贡献。在《杰克·韦尔奇自传》的第十二章“再造克劳顿维尔，再造通用电气”中，他认为克劳顿维尔管理培训中心就是通用电气新思想的传播地。杰克·韦尔奇说：“我希望它能集中于领导人才的开发，而不仅仅是职业培训；我希望它能成为一个可以触摸到公司最优秀人才的头脑和心灵的地方，在改革过程中集合公司力量的精神纽带。”杰克·韦尔奇实际上触摸到的是公司最优秀人才的头脑和心灵，即胜任力的构建。

而胜任力系统及价值体系的构建，可以使部门、团队拥有普遍认同的绩效标准，它能够将个人行为和部门目标紧密联系起来，最终促使团队潜在能力大幅提升。因此，管理者应该妥善运用胜任力这一秘密武器，并对之进行合理使用和有效开发，构建适合自己企业或公司胜任力的价值模型。

胜任力的价值体现在以下几个方面：

员工管理系统	"胜任力"模型的价值
招聘与选拔	• 给出全面的工作要求与产生高绩效所需的知识、技能和行为 • 制定明确的用人标准，将人事管理由事后管理向事前管理转变，降低用人风险和成本 • 更有可能雇用到具有胜任潜力的员工 • 尽量减少花在达不到企业期望的员工身上的投入(时间和资金)，保证更加系统化、精确化的面试与晋升考核
培训与开发	• 使员工能够把学习重点放在对绩效有最大影响的知识、技能和行为上 • 确保培训与开发能与组织的价值观和战略牢牢挂钩 • 最有效地利用用于培训与开发的时间和资金
绩效管理	• 胜任力考核作为绩效考核系统的重要组成部分，能确保员工的绩效结果、达成绩效所需的知识、技能和行为都受到关注，使绩效评估更加结构化，使员工更加明确为了产生高绩效而要提升和改进的方面 • 考核既要关注已经形成的绩效结果，又要关注员工成功潜能的发展，使考核更加灵活和科学
人才梯队建设	• 清楚说明某个岗位或职务所需的知识、技能和行为 • 候选人是否已经具备条件，按接受某个岗位或职务所提供的明确标准进行判断 • 培训与开发的重点放在胜任力不足的方面 • "胜任力"模型为员工职业生涯发展指明方向，激发员工的学习动机和参与培训的热情，实现"以发展带动培训、以培训促进发展"的良性循环

胜任力的提升需要在管理人员胜任力管理的基础上进行，胜任力代表了个人在组织里的发展潜力，绩效则为胜任力的产出成果，因此对管

理者的衡量应该从员工的发展潜力和实际绩效水平两个方面来进行。

按照上表中所述，管理者对以下四种情况下的员工应区别对待：

第一，对于那些既有工作业绩，同时还具备相应发展潜力的员工，要委以重任，从激励、保留、培养等多角度加强对这部分员工的管理与潜能开发，尽量使其留在企业和部门内，成为核心员工，以便创造更多的价值；

第二，具有“高发展潜力、低工作绩效”的员工，则是部门发展中的不确定性因素，对这部分员工，应考察他们业绩不佳的原因，如果是由个人素质上的硬伤造成的，就可以考虑将其淘汰；但如果是不适应工作环境、个性与工作不匹配等其他管理因素或组织因素造成的，那么，管理者应根据员工的情况进行调整，促使其发挥潜能，提升绩效，转变为“高潜力、高绩效”的核心人才；

第三，对于“低发展潜力、高工作绩效”的员工，由于他们基本上已经发挥出了个人的潜力，所以，应当尽量在保持职位不变的情况下赋予他们更多的责任和工作任务，并积极发挥其培养下属的作用；

第四，那些“低发展潜力、低工作绩效”的员工，则是部门、组织发展的一大阻碍，对于他们，可以考虑下调到其他岗位或直接予以辞退。

在实施胜任力的价值管理中，管理者需要注意以下几个问题：

第一，胜任力价值观的构建，仅仅通过对优秀和普通员工的对比分析是不够的，还要结合部门发展情况以及对人才的相应要求，更重要的是要考虑在此基础上的部门总体要求，这些都是建立胜任力价值观的方向性要素，应予以重点考虑。

第二，胜任力价值观的建立需要得到组织上上下下方方面面的支持，不仅要取得高层的认同和支持，还要让提升胜任力的价值观深入每一名基层员工的内心，这样才能为提升胜任力创造一个良好的组织环境。

第三，胜任力价值观建立之后，就要切实在管理中发挥作用。因为它不仅仅是对员工进行考察的基础，也是对员工进行管理的一个重要模块，只有将胜任力价值观同员工选拔、培养、绩效评估、薪酬以及员工发展紧密结合起来，才能使胜任力价值观真正发挥作用。

第四，胜任力的绩效考核，需要与当事人做好详尽的沟通，并对其工作中存在的问题与其工作中的表现一一对应，同时指出组织、部门所需的行为标准是怎样的，明确其需要改进的方向，并将改进计划落到可实施的地步。

第五，胜任力的价值观建立后，不能保持一成不变，而应随着组织、部门的生存发展以及环境、发展战略的变化而变化。因此，管理者应定期根据实际情况的变化去修正胜任力价值观，以使其模型与其他相关的环节更适应，这样才能保证胜任力价值观正常效用的充分发挥。

中基层管理者胜任的判断标准

很多中基层管理者都发现自己在管理实践中常面临一种尴尬的局面，这是由无效管理导致的。比如员工干不好，你得亲自上，领导还反过来批评你不会带兵；任务难布置，你得耐心讲，下属还会抵制你，并私下说你是一个窝囊领导；工作发生矛盾，双方都有理，耽误了部门工作进程，你还要挨批并忍气吞声……

管理大师彼得·德鲁克曾反复强调：“管理者的工作必须卓有成效！”因为这往往是决定组织工作成效的一个最关键因素。如何成为卓越的管理者，并进行卓有成效的管理，是值得今天的每一位管理者深思的课题。

中基层管理者所处的是一个承上启下的位置，他们既要接受上级下达的任务，又要向下级传达任务，并带领下级出色地完成任务。怎样才能做到这一点呢？这就需要管理的艺术了。

笔者建议的方法是：多与上级沟通，找到一套行之有效的方法，迅速地培训下属让其掌握工作方法，团队齐心协力地去做事。在这里有两点需要注意：首先，要明了上级对自己的要求；其次，要把自己的下属管理好，这样团队才有战斗力。

要审视自己是否是一个称职的管理者、带头人，还要从以下几个角度去衡量：

看自己是否有实实在在的业务专长、技术优势和专业知识，是否能够不断地吸取知识，使自己拥有合理的知识结构，成为业务和专业的带头人。

是否能够主动承担培训员工的责任？当发生问题时、工作受到影响时，要给员工好的建议、支持和鼓励，并多进行双向讨论，也可以把员工工作上的严重失误公布出来，让大家一起来解决问题，纠正错误，起到培训其他员工的作用。

是否能在员工学习时多帮助、多给予鼓励；

是否能培养员工的自主能力，以让员工独立执行任务。

是否做到了时刻去关心员工的工作情绪？当一个员工情绪不好、信心不足和内心不安时工作效率会降低，进而容易影响到他人的工作和情绪。管理者应及时与下属沟通，打开下属的心结，调动下属积极的心态，用管理者的激情和热情来唤起下属的信心。

是否勇于对下属的行为负责。下属的行为是否推动组织的发展，是否推动了部门的发展，是管理者应该负责的问题。因此，管理者应对下属进行合理的监控和纠正。企业组织有行为守则、流程和标准，管理者也要进行细节管理，做到时刻“纠偏”，对下属违反规则的行为进行及时纠正，将他们带到一个正常的工作轨道上去。

是否根据部门的目标，结合部门实际情况制订实现目标的计划，主动寻求下属和其他部门的配合支持，来保障部门目标的实现。

……

对于上述问题，如果管理者的回答是肯定的，那么无疑是一个好的带头人，也是一个胜任的管理者，因为你的员工能够在你的带领下更加胜任工作；如果你的回答是否定的，那么除了需要从以上几个方面去改进自己的管理行为外，还需要从以下几个方面去努力：

1．增加下属贡献值

有效的管理者一定注重贡献并懂得将自己的工作同本部门长期目标结合起来，强调对组织的绩效和成果上能做什么贡献，强调的是责任，重视贡献是管理行为有效性的一个关键。这个有效性反映在三个方面：

第一，你的工作，包括工作内容、工作水准及其影响；

第二，你与他人的关系，包括对上司、对同事、对下属；

第三，各种管理手段的运用，如会议报告等。

有效的管理者必须注重团队成员的贡献，这又包含三个方面的内容：直接成果、树立新的价值观以及对这些价值观的重新确认、培养与开发未来所需要的人才。

2. 充分发挥下属的长处

管理者的个人力量毕竟有限，有效的管理能使员工发挥自己的长处。因此，团队或企业要实现目标必须用人所长——用其同事之所长、用其上级之所长和用其本人之所长，利用这些长处给自己带来真正的机会。充分发挥人的长处是组织存在的唯一目的。管理者的任务就是充分运用每一个人的长处，共同完成任务。

管理者在用人上，要把握好以下四个原则：

第一，卓有成效的管理者不会将职位设计成只有十全十美的人才能胜任。如果一个职位先后由两三个人担任都失败了，这个职位就必须重新设计；

第二，职位的要求要严格，涵盖面要广。合理的职位是对具有才干的人的挑战。职位涵盖面广，从事该职位的人就可以把与任务相关的优势转化为确定的成果；

第三，要先考虑某人能做些什么，而不是先考虑职位的要求是什么。即先仔细考虑胜任人的条件，并且考虑时不应局限于这个职位；

第四，用人所长时必须能容忍其之短，前提是其短处不能给该职位带来致命伤害。

3. 懂得激励下属

激励下属，其目的在于充分调动员工的工作积极性。因此，有必要在部门内形成一套完善的激励管理制度，使得员工能够明确自己的岗位价值，并可以在自己的岗位上进行横向(同行业中的其他企业)和纵向(与以前的同事)比较。要让员工意识到，他们是在为自己工作，是在为自己的前途而工作，要鼓励他们能够耐得住寂寞，沉下心来，稳扎稳打，做好内功的修炼，这样，久而久之，才能实现从量变到质变的转化。一句话，就是要让员工规划好自己，知道自己到底想要什么，以及怎样才能得到自己想要的东西。

4. 学会辅导下属

员工仅仅拥有积极性还不够，接下来，管理者还应去辅导员工，让他们掌握必要的工作技能。一个胜任的管理者就好比一个好教练，管理者与下属的关系就是教练员与运动员的关系，二者是一个利益共同体。

管理者与其总是不认可员工，抱怨他们学习能力差，不如去反思自己作为“教练”是否称职，是否掌握了正确的教练方法。一个卓有成效的管理者在辅导员工做事时是应该讲究方式方法的，作为教练员，一定要让自己具备理性思维，遇事不能太情绪化、感性化，在辅导员工时不要让他凭空去发挥、意会、揣摩。正确的做法应该是，你想要他做什么，就把目标规划出来，把程序列出来，将每道程序用可度量的数字或流程体现出来。

5. 带好团队中的每一个人

员工具备了工作积极性和必要的工作技能之后，管理者接下来要考虑的问题就是如何去管理自己的员工，即如何带领团队。作为中基层管理者，一定要时刻保持带队伍的意识，要做好指挥，调动员工的积极性并激励他们去完成任务。

没有规矩不成方圆，带领队伍亦是如此，首先管理者要对下属讲清部门、团队的工作规则，主要包括各种规章制度、管理规范以及部门乃至整个组织层面的企业文化等，此外，还包括一些约定俗成的行为习惯。从另一角度看，工作规则还可分为行为规则和心态规则，所谓行为规则就是要求你的员工做什么，怎么做；心态规则就是在对员工进行规范化管理的同时，还应时刻去关注他们的心理变化，对他们存在的一些负面心理倾向，应及时予以疏导，以给员工营造一种安全感、归属感，让他们感觉到家一般的温暖。

避开胜任力管理的误区

目前胜任力管理在国内发展十分迅猛，企业界掀起了一场胜任力管理运动，几乎所有的咨询公司都将开发胜任力模型作为一个重要的咨询项目，有七成以上的效益良好的大中型企业都已经建立或准备建立自己的胜任力管理模型。但是，很多企业对胜任力管理的实践效果却令人失望，真正能通过胜任力管理实践而提高管理效能的企业只是凤毛麟角。究其原因，在于很多企业的胜任力管理已经误入歧途，存在着各种各样的误区。

误区之一：将岗位胜任力等同于岗位任职资格

在各种媒体的招聘广告上，我们经常能看到某些岗位要求“本科、财会专业、英语6级、三年工作经验”等等类似字眼，这些都是岗位的任职资格，也就是说如果不具备这些条件，那么应聘者首先会被排除在外，更不可能入选，哪怕他们有无穷的潜力和很强的能力。

为什么呢？因为如果员工不具备上述硬性条件，那么他很可能连这个岗位最基本的工作都胜任不了，哪怕他有再强的综合能力和素质。就像让不懂国际贸易的人从事报关工作一样，再强的沟通能力和洞察力也不能帮助其完成任务。也就是说，那些学历、专业、知识、工作经验等任职资格要求是确保员工能够胜任工作的一个必要条件。但是，并不能因此就直接将任职资格要求等同于岗位胜任力，如果这样理解的话，那就完全误读了胜任力的内涵。因为，仅仅是任职资格要求本身，并不能确保员工给出卓越的表现，因为它仅仅是区别此岗位上的优秀者与一般者的一个必要条件，而不是充分条件。满足了上述任职资格，仅仅能够保证员工在岗位上顺利完成工作，而不能保证他们完美地完成工作，也就是说不能保证他们有很强的胜任力。

误区之二：将优秀员工所具备的特征一概归入岗位胜任力的范畴

前文提及了戴维·麦克利兰对胜任力的定义，这种定义看起来是权威的，且国内很多对于胜任力研究的著述也都以此为准，但笔者仔细研究却发现，此定义在明确性和可操作性上却没有更多突破，还有一点，它甚至将知识、技能等这些非深层次、并且也不能真正区别优秀者和一般者差异的特征也归于胜任力范畴内。

这样一来，就把很多人带入了一个贪大求全的误区，致使一些组织和部门管理者在对员工的选拔和培养中，抓不住重点，甚至还会将更多的精力放在任职资格要求的基础培训上，而忽略了胜任力所要求的其他提高类的指导与培训。

误区之三：混淆了胜任力各层面的关系

胜任力模型一旦被应用到员工管理实践当中，实际上就已经成了一种人与组织、部门、团队之间各层次的协同互动关系，因此在管理实践中，胜任力模型可在四个层面上应用：

第一个层面是整个组织通用的胜任力模型，也就是组织的核心胜任力模型，它是基于整个组织的战略、文化以及行业特性对员工的要求，是一个企业组织的所有员工所必须达到的最基本的素质。比如微软要求员工要有激情，西南航空则要求员工情绪要稳定；三星渴望招到一些天才员工，而麦当劳则坚决反对使用天才。

第二个层面是指从事某一专业领域工作所必须具备的素质和能力，也就是专业胜任力。专业胜任力模型是基于职业发展通道、职业类别及种类而构建的，它是从事某一类别的职位所应该具备的素质。专业胜任力模型是根据相应职位的业务模式及流程的分析对人的素质要求而演绎出来的。

第三个层面是从事特定岗位所需要具备的胜任力。这种胜任素质既包括专业知识和技能等外在特征，也包括人的品质、态度、价值观、动机等内在特质。

第四个层面是团队结构素质，它基于团队任务的分析、基于人与人的互补性组合，研究具备不同素质的员工如何搭配才能产生互补性的融合效应。

在现实中，很多企业组织和管理者在进行胜任力管理时，往往混淆了上述层次之间的关系，比如有的运用的是全员素质模型、有的使用的是专业素质模型，有的则是岗位个体素质模型。实际上，企业组织在进行胜任力管理时，必须综合考虑上述四个层面，这样的胜任力管理才能真正产生价值。

误区之四：依赖经验

现在，很多管理者都非常重视运用经验进行管理。的确，丰富的经验可以省去很多花在探索上的时间和精力，能够迅速让自己进入工作状态，并且能够少走弯路。但是，凡事有利就有弊。经验有时也会成为扼杀管理者创新能力的一个负面因素。

一个有着丰富经验的管理者，也许可以省去了适应时间，就能直接走向工作的正轨，但是经验同时也会使人思想僵化，容易走老路，缺乏创新能力。如果只信赖经验，久而久之，胜任力就会下降。

美国在进行总统选举时，很多选民都认为应该选那些曾经担任过参议院或州长的人，因为经验能够让他们更胜任总统这一职务。然而，后来的结果却证明，经验对于从政并无太大帮助。历史上，有很多毫无“经验”的总统，也都取得了非凡的成就，比如林肯和杜鲁门，他们在担任总统之前，都没有做领袖的经验，但这并不能阻止他们成为美国人民拥戴的伟大领袖；而那些看似拥有丰富“经验”的总统却当得不尽如人意，比如胡佛和皮尔斯在担任总统之前，都有过非常丰富的领导经验，但事实证明，他们都没能成为成功的总统。

对于企业组织的管理者也是一样，经验并不能代表一切，经验更不等同于管理能力。经验，往往只是意味着时间，意味着数量上的叠加，但时间和数量并不能代表质量。一个有着 20 年工作经验的管理者，与一个只有 2 年工作经验的新人相比，前者处理问题的能力并不能说就是后者的 10 倍，甚至能不能强过后者都不好说，因为他的 20 年工作经验很可能只是在重复自己的开始，而没有任何提升。因此，试图将经验与能力联系起来的想法，是不现实的。

因此，在对待经验和创新的态度上，管理者应该有一种不破不立的颠覆精神，这样才能永葆进取心，让胜任力永在。

责任与胜任力的区别

每一个岗位都是有职责的，职责是一个人在工作中不得不做的事情，类似于使命，是指为了在某个关键领域取得成果而完成的一系列任务的集合，它常常以任职者的行动加上行动的目标来表达。

简单地说，职责是用来界定下列事项的：

第一，员工需要完成的基本工作；

第二，与其他岗位需要协调的事项；

第三，员工应该向领导汇报的事项；

第四，员工所负责的一切其他事项及其相关事项安全。

例如客户专员是用来维护客户关系，以保持和提升公司在客户心目中的形象的；人事专员是负责员工的招聘、劳动合同的签订、为员工办理社会保险、员工档案编档、宿舍安排的；财会人员是用来分类统计各种财务收支、制成对应表格让公司决策调整公司政策方案的；

销售员是为顾客提供服务、帮助顾客做出最佳选择，最终将公司产品销售出去的；行政人员是负责办公室日常办公制度的维护和管理、办公后勤保障工作、对全体办公人员（各部门）进行日常的考勤、处理公司的对外接待工作、组织公司内部各项定期和不定期集体活动的……

每一个岗位职责的确定，都需要综合考虑以下因素：

（1）根据工作任务的需要，来确立工作岗位名称及其数量；

（2）根据岗位工种确定岗位职务范围；

（3）根据工种性质确定岗位需要使用的设备和工具；

（4）明确岗位环境，确定岗位任职资格及要求的工作质量和效率；

（5）确定各个岗位之间的相互关系；

（6）根据岗位的性质明确实现岗位目标和责任。

但仅仅完成了岗位职责就万事大吉了吗？不，竞争白热化的现代社会对工作的要求远远没有如此简单，如果你不想被职场淘汰，除了完成基本的职责，最起码的要求是把工作做到位，而这就叫作胜任力。可以说，胜任力是责任的更高境界。

胜任力的突出特征表现在：首先，它与工作绩效有着密切的关系，甚至可以预测员工未来的工作绩效；其次，它与任务情景相联系，具有动态性；最后，也是最关键的一点，它能够区分优秀员工和一般员工。可见，岗位职责用来描述的只是一个胜任标准，一个静态的客观存在，也就是用来界定员工是否胜任的一些考量因素，它本身并不能区分员工的优秀与普通；而胜任力则具有动态性，而且，它能够用来区分优秀员工和一般员工。

为了更便于大家理解，接下来以一个具体的事例来进行阐述。以总经理助理岗位的员工为例，总经理助理是总经理的代言人，其一举一动都代表着公司的形象。因此，总经理助理务必要加强自身修养，特别重视发挥自身非权力因素的影响力，即通过高尚的人格、丰富的知识、卓越的才能、高超的技术来开展工作。在提高自身素质的同时，还要学会尊重上级、理解同级、帮助下级。在工作中，要时刻重视外在形象，全心全意地、热情细致地待人接物，为人处世。该岗位的职责要求主要有：

第一，在总经理领导下负责总经理办公室的全面工作，努力做好总经理的助手、参谋，发挥承上启下的作用；

第二，在总经理领导下负责企业具体工作的布置、执行、检查、督促和反馈；

第三，负责各类文件的分类呈送，请领导阅批并转有关部门处理；

第四，完成总经理交办的其他任务；

第五，做好总经理日常工作会议和其他会议的组织工作和会议记录，做好决议、决定等文件的起草、发布；

第六，妥善处理公司内外文件的发放、登记、传递、催办、立卷、归档工作；

第七，负责公司图章、介绍信的保管、使用；

第八，负责公司内外公文办理，处理各种来信、来访事宜，及时向上级汇报；

第九，负责上级领导机关或兄弟单位领导来访时的接待工作；

……

以上是总经理助理这一岗位的职责，那么，其胜任力又体现在何处呢？也就是说，总经理助理需要具备什么样的素质和能力，才能胜任该工作呢？

1. 能够认清自己，处事掌握原则

如果不能认清自己的位置，那么就很难把握好工作的切入点和立足点，也就难以胜任总经理助理的工作。其实，总经理助理扮演的角色相当于总经理管家，由于牵涉面甚广，总经理助理一定要掌握好自己的处事原则，把握好分寸，不能越权越位，时刻注意自己的角色。

2. 适应环境

任何企业都有自己独特的文化和环境，工作不是在真空中展开的，而是扎根于一定的公司现实环境，作为总经理助理要适应环境，使自己的工作不脱离实际。

3. 耳聪目明，做好“助理”工作

作为助理，不可避免地要为总经理做一些信息收集、参谋、督查等工作。这就要求助理能够及时地捕捉各种有用的信息，并准确地进行反馈，甚至能够形成指导性文件提供给总经理作为决策参谋。在平时，不仅要善于发现问题，还要认真分析问题，这样才能给总经理提供有用的参考。要做到这一点，具体可从以下几个方面入手：

第一，了解目前存在的问题及发展瓶颈，并找出其背后深层次原因；

第二，根据总经理的指示，结合公司现状，协调各部门工作；

第三，关注公司的生产、销售、现金流、核心管理人员工作情况等总经理最关心的事项，做到时时监督和及时汇报。

4. 处理好方方面面的关系

总经理助理起着承上启下的作用，要协调好公司内部各部门之间的关系以及内外关系，内求团结向上，外求支持协作，因此必须要具备好的人际活动能力。作为助理当然要处理好上下级的关系，但同时对总经理要尊重不盲从，要服务上级而不是卑躬屈膝对待领导，不能为了迎合上级而违背基本的做事原则。对下级，也要以礼相待，切不可盛气凌人，胡乱指挥，欺上瞒下。

5. 工作要完成得高效、快捷

第一，助理人员必须有强烈的时间观念，养成求真务实、雷厉风行的工作作风，还应在有限的时间里办好应办之事；

第二，由于工作牵涉面甚广，总经理助理一定要善于“分身”，明确什么时候该干什么，先干什么，后干什么，要把握好工作的重点，安排好工作的优先次序。

第三，要客观地对待是非功过，不要“抢功”“争好”，在工作出现过错时不要推诿，要勇于承担责任。

让员工胜任，领导必须先胜任

在一个组织里，领导者是下属最好的榜样，因为领导者的一举一动都在影响着下属，领导者理应“身先士卒”，发挥模范、带头作用。有些领导不起正面作用，结果是“上梁不正下梁歪”，因此领导者要懂得通过以身作则来影响下属，给他们起良好的带头作用。

日本东芝电器公司是享誉世界的知名公司，其董事长士光敏夫有一句名言：“上级全力以赴地工作就是对下级最好的教育。职工三倍努力，领导就要十倍努力。”

他是这么说的，也是这么做的。在士光敏夫的办公室里挂有这样一条横幅：“每个瞬间，都要集中你的全部力量去工作。”士光敏夫时刻以此为座右铭，每天，他都是第一个走进公司上班，并且几十年如一日，从未有过例外，为员工做了一个极好的榜样。

身先士卒，永远在前面引领员工，这不论是对于企业老板还是对于中基层管理者都是适用的。让员工胜任，管理者必须自己先胜任；让员工充满激情，管理者自己首先要充满激情。以身垂范的管理方式永远都是行之有效的，这个道理从古至今被不断验证。

明朝洪武年间，全国遭遇天灾，人民食不果腹，但一些达官贵人仍在花天酒地。因此，朱元璋决心对全国官僚系统进行一番自上而下的整治。

皇后生日那天，朝中聚满了前来道贺的文武百官，朱元璋看人都到齐了，就让宫女上菜，宫女们首先端上来的是炒萝卜。

朱元璋解释道："萝卜者，百味药也。民间有句俗话叫'萝卜进了城，药铺关了门'，大家都尝尝吧！"

不久，宫女们又端上来一道炒韭菜。朱元璋说："小小韭菜青又青，长治久安得人心。你们吃了这个菜，黎民百姓才能安居乐业，长治久安。"说完，自己带头吃了起来。

接着宫女们又端上来两碗青菜，朱元璋指着青菜说："两碗青菜味道都很好，两袖清风才是为人臣的作风。拿朝廷的俸禄要替百姓办事，当官就应该像这两碗青菜那样清清白白。"

最后，宫女们端上的是葱花豆腐汤，朱元璋又说："小葱豆腐青又白，公正廉明如日月，寅是寅来卯是卯，吾朝江山不改色。"

宴后，朱元璋当众宣布："今后请客吃饭，最多只能四菜一汤，皇后的寿筵就是榜样。谁若违犯，定严惩不贷。"

可见，正人先正己，以身作则才是管理的最好方法，因为示范和上行下效的力量是惊人的。

那么，管理者应当如何身先士卒做好榜样呢？

1. 正人先正己

管理者要想管理好员工，提升其胜任力，首先要身先士卒，管理好自己，要让正确的管理理念及管理做派深入自己的头脑，让自己去接受，而这恰恰是一个自我影响的过程。如果管理者事事为先、严格要求自己，那么“命令”将会畅通无阻，上下将会同心，从而大大提高团队的整体战斗力。

春秋时期，晋国有一个名为李离的狱官，他在审理一件案子时，由于偏听了下属的一面之词，导致一人冤死。后来李离弄清了真相，作为主审官员的他极其后悔，表示愿意以死赎罪。

晋文公听闻后，劝他说：“官有贵贱，罚有轻重，况且这案子错在下面的工作人员，并不是你的罪过呀。”

谁料，李离却不同意晋文公的说法，他说道：“我平常从来没有让下面的人来和我一起来做这个官，更没有让他们分享过我的俸禄。现在出现了问题，如果将责任推到下面的工作人员身上，我怎么能做得出来？”

最终，李离还是没有听从晋文公的劝说，拔剑自刎。

李离是通过一种极端的方式，捍卫了自己作为领导者的尊严，这种做法是否值得提倡，我们不去探讨。但为官者率先垂范，能够以高境界来约束自己，以身作则，显然会触动下属。

2. 随时随地为员工树立好榜样

古时有个宰相有一个儿子，宰相的妻子非常关心儿子的前程，于是经常对儿子进行忠诚、信用教育。而宰相看起来则没有时间教育孩子，他每天都是早上离开家去上朝，晚上回来就看书。

有一天，教子心切的夫人终于忍不住对丈夫说：

“你别只顾着忙你的公事和看书，也应该抽时间好好教育一下咱们的儿子啊！”

宰相却依然眼不离书，他说：“我每时每刻都在教育儿子啊！”

不错，宰相就是在用自己的所作所为给儿子树立榜样，这样“以身作则”式的榜样犹胜言语上的教诲。

人们常说“榜样的力量是无穷的”，作为管理者，更应该明白这句话的意义。要做一个好的管理者，其实并不是从学习什么高深莫测的管理理论开始，而是要从管理自我的行为开始，比如从上班不迟到之类的一点一滴的小事开始，组织内部制度的落实是从管理者以身垂范开始的，因为这样才能对员工产生积极的影响。

3. 要让员工做到，自己先做到

对领导者的另一个重要要求就是，必须以身作则。凡是自己做不到的事情，不能要求别人去做，这是一个非常重要的原则。

毋庸置疑，管理者的以身示范是必不可少的，若不能自律，就无法以德服人，也就无法在员工面前树立自己的权威和影响力。所以，好的管理者应该懂得，要求下级和员工做到的事，自己必须首先做到。

在联想集团发展的过程中，曾有一条规则：开会时迟到者要被罚站一分钟。既然定了这样的制度，说明以前经常有人迟到，以后可能还会有。

这一制度颁布之后，联想集团第一次开会。时间到了，会议正式开始，柳传志扫视了一眼齐刷刷坐着的员工，颇为自己的决定感到得意，他没想到这一条小小的新制度居然这么有效。正当他准备宣布会议开始之际，却忽然发现门口又走进来一个人。柳传志望过去，不禁吃了一惊。

因为站在门口的不是别人，正是柳传志的一个老上级，一个一直备受他尊重的人。这让他感觉棘手，因为在规定“迟到罚站”制度后的第一次会议上，老领导居然迟到了。

其他与会人员也看到了这位老上级，这些人先是一愣，继而小声议论起来：“算了吧，会议才刚刚开始呢。”也有人说：“那怎么行？领导迟到了也要罚站才行。”

柳传志尽管心里极为矛盾，但他还是走到老领导面前，接过老领导手里的一小摞资料，说：“您现在在这儿站一分钟，今天晚上我到您家里，给您站五分钟。不然，这制度以后就没法执行了。”老领导满脸尴尬，但他也很理解柳传志的难处，于是就真的在会议室门口站了足足一分钟。

还有一次，联想集团召开高层领导人会议。柳传志早早准备好材料，进了前往会议室的电梯。不巧，电梯突然卡在两层楼之间不再上升了。柳传志被困在电梯里，要上上不去，要下又下不来。

“我只有等他们(维修人员)赶来把故障排除，在里面耗着，干着急。”电梯很快就修好了，柳传志迅速冲上楼，可是当他赶到会场时，会议已开始好一会儿了。看到大家都坐在会议室等着自己，柳传志十分惭愧。他一句话也没有解释，自觉接受惩罚，在会议室门口站了一分钟。

柳传志的行为证明了这样的道理：让员工胜任工作，领导必须先胜任工作，让员工胜任岗位，领导也必须先胜任管理岗位。

胜任的管理者不见得是“全才”

所谓管理，在很大程度上就是先去理顺思路，然后去带领下属，做好带头人，而管理者本人不一定是方方面面都精通的全才，甚至也不必在理论上多么精通，因为如果只是纸上谈兵，再博学也是没有用的。

有一位年轻的教授出海旅游。他受过高等教育，知识渊博，但生活阅历比较欠缺。在他所搭的船上，有位目不识丁的老水手，每晚都会到年轻教授的房里听他高谈阔论。老水手由衷佩服年轻人的博学。

有一天晚上，老水手在几小时的谈话后，正准备离开，教授问他：“老伯，你研究过地质学吗？”

“没有，先生，我从没上过学，从没研究过什么。”

“老伯，你已经浪费了你四分之一的生命了！”

第二天晚上，教授又问他：“老伯，你研究过海洋学吗？”

“没有，先生，我没研究过什么。”

“老伯，你已经浪费你一半的生命了！”

隔天晚上，教授又问老水手：“老伯，你研究过气象学吗？”

“没有，先生，就如我告诉过你的，我从没上过学，从没研究过什么。”

“老伯，那你已经浪费了四分之三的生命了！”

隔天，老水手慌忙地跑到年轻教授的舱房，向他问道：“教授先生，你研究过游泳吗？”

“没有，我不懂游泳。”

“啊！教授先生，那你将要失去你整个生命了！这艘船撞上了暗礁，正迅速下沉，会游泳的人可以游到附近的海岸，不会游泳的人将会被淹死！我非常遗憾，教授先生，你真是性命难保了！”

现实中的管理者就像那位博学的教授一样，总是习惯以“全才”的标准去衡量、要求员工，希望自己的员工无所不能，将员工的胜任理解成是“全才”，忽视员工最起码的专业技能，这样的管理者有时会在职业生涯中“触礁”。因为对于大部分员工来说，管理者的这种理念并不利于他们胜任力的提升。

小林大学时所学的是国际贸易专业，曾在一家小型贸易公司任职，主要负责办公室档案收集整理、文件撰写、数据统计、传真收发、会议纪要等方面的工作。虽然薪水不高，但由于工作比较轻松，她感到非常满意。几个月后，随着业务越来越熟练，原本需要大半天才能完成的工作，现在她三两个小时就能做完了。

老板看小林空闲的时间比较多，于是又一股脑地将员工人事档案管理、办公室清洁、办公用品管理等工作也交给了她。工作量增加了，但是小林并不排斥，因为她认为这些工作对自己也是一种锻炼，所以高兴地接下了任务。

春节前夕，公司前台兼出纳辞职了。由于快过年了，很难再招到人，于是这个新的任务又落到了小林身上。小林这下有些吃不消了，但她仍然以为自己只是暂时代劳，但过了三四个月，她却没有看到老板有任何招聘新人的打算，小林就这样成了公司的前台、行政、后勤、人事、出纳、保管员。尽管她的职责范围广了，但是薪水并没有水涨船高，因此，小林感到越来越心理不平衡，于是就在工作满一年的时候提出辞职了。辞职之前，她认为自己有过一年的工作经验，而且什么岗位都做过，应该能找到一个不错的工作。但是现实却是，她找到的还是和以前一样的工作，更好的工作机会对她并没有特别的青睐。

小林看起来像是一名“全才”，但她所谓的“全”其实大部分都是一些含金量少、工作内容简单的岗位。小林的工作内容涉及了前台、行政、后勤、人事、出纳、保管员等，所以她离职后再找工作也是寻找同样方向的，于是最后找到的仍然是同质化的工作，而岗位上并没有丝毫提升。

现今社会分工越来越明确，岗位划分也越来越细，一个人很难成为一个什么都懂、什么都会的“全才”，而且也没有必要。胜任力强的员工能又精又专地胜任工作，而不是各种工作只会皮毛。

可见，全才和胜任力是不能画等号的。那么，什么才是真正有胜任力的员工呢？

1. 做事要到位

胜任的员工有一个突出特点，就是他们做事总是很到位。美国通用电气公司曾在其财务年报里颇为自豪地宣称，他们一旦确定一个策略，就可以在两个月内执行到位。强调执行可以说是通用公司不断发展壮大的一个重要原因。

在国内品牌中，海尔的产品一直有着良好的口碑，但这并不意味着海尔的产品没有质量问题，有一段时间，海尔就曾遭遇过顾客反映产品的质量问题：

“为什么送货上门的产品外表有损伤？”

随后，海尔的问题产品被客户退了回来。

尽管有损伤的产品是极少数，但这还是引起了海尔公司质量管理人员的高度重视。为了找到问题的根源，他们还专门派人到了发货现场，跟踪装车、运输的全过程。

不久，原因找到了，原来是包装箱上的凸凹不平导致了产品的损伤。

事不宜迟，海尔相关负责人当即组织人员对包装箱进行改造，很快便将这一问题彻底解决了。

尽管顾客反映的并不是产品本身的质量问题，而且产品出现损伤也只是由于运输中的意外造成的，但是在以高质量、高服务著称的海尔人看来，任何瑕疵都是不能容忍的，因为它们很可能会影响到顾客对企业产品的信任，甚至影响企业的声誉，所以海尔并没有忽视这样的“小问题”，而是迅速地进行了解决，确保执行到位。

那么，具体到管理实践，如何才能避免因执行不到位而使工作效果大打折扣呢？

第一，执行之前，要制定周密的计划和细致的安排。

第二，对执行任务的员工进行全面考察，以确认他们是否就是执行此次任务的最佳人选。

第三，执行过程中，做好追踪，及时发现问题并予以解决。

希望集团总裁刘永行曾前往韩国一家面粉厂去参观考察，此行对他的触动极大。原来，韩国一家每天可以处理1500吨小麦的工厂，只有60名员工，相比之下，希望集团的一座日处理能力250吨的工厂就需要配置80个人，这样总体算下来，对方的工作效率是希望集团的8倍，也难怪刘永行会感到震动。

后来，那家韩国工厂也开始在中国投资建厂，但不久就关闭了，问其原因，他们只回答了一句话：“中国人做事不到位。”

刘永行对这个问题进行了认真的反思，他发现国内的员工确实不如韩国员工认真。首先，韩国的员工在工作时总是手脚不停，不论是管理人员，还是普通工人。当他们手头上的工作做完了，一定会自己给自己安排别的事去做。另外他们几乎都是“多面手”，只要工作有清闲，他们一定会去做其他岗位上的事，以节省人力。

要提升员工胜任力，归根结底一句话：员工要胜任，首先做事要到位。

2. 要有专业精神

所谓专业精神，就是在专业技能的基础上发展起来的一种对工作热爱和投入的优秀品质，具有专业精神的员工对工作都有一种近乎疯狂的执着与热爱，他们在工作的时候能够达到一种忘我的境界。

著名喜剧演员周星驰，其电影给人留下的最深刻印象是“无厘头”、“轻松搞笑”等特点，但是他在自己做导演，在电影的拍摄、制作过程中，却表现出了一种非常专业、严谨的态度，从不以随意玩笑的态度来对待工作。

对此，有记者问他：“很多剧组同仁都很怕你，你是否过于严肃了？”

周星驰回答说：“因为我强调的是专业精神，所以对工作人员要求很高，我的确经常表现得很严肃，这可能是他们怕我的原因。”但正是这种专业精神使周星驰能够成为喜剧大师。

在不同的领域，专业精神的表现形式会有所不同。比如推销员的专业精神表现在，为了提高自己的推销技能，而随时随地注意吸收新知识，并勇于尝试，在推销的过程中遇到再大的困难与打击，也能做到百折不挠，决不放弃；而研发人员的专业精神，则表现在能够一心扑在研发工作上，为了解决一个技术上的难题，做到废寝忘食，同时还要不断为自己充电，不断补充新知识，提高自己的技术水平和业务能力。

美国西南航空公司的服务水平堪称一流，他们在运送行李、安全和准时这几个方面保持着极高的专业水准，其背后则是一大批富有专业精神的员工在支撑。比如，有人曾询问该公司乘务主管科琳·巴雷特："你们选拔员工的原则是什么？"她答道："我们所要求的就是倾听、关心、微笑、感恩和热情，这样才能带来优质的服务。只有那些具备非凡专业精神的员工才能进入我们的视线，因为他们才能提供最专业的优质服务。"

事实也是如此，具备专业精神的员工才能全身心地投入到工作中去，才能创造出一流的工作业绩，才有可能成为胜任典范。

3. 处理好"全才"与"专才"的关系

站在管理者的角度来讲，"全才"和"专才"都是需要的，因为不同类型、不同能力的员工搭配在一起，才能实现最佳的合作效果。如果具体到某个职位，应该优先考虑“专才”，然后才是“全才”。因为“专才”往往专注于某个领域的深耕与发展，他们无论是在专业知识、工作经验还是工作效率上，都更有优势，更能适应工作、胜任工作。

更需要明确的是，“全才”并不意味着“什么都懂”，对多数年轻人来说，在短时间内，“全才”肯定是难以达到的。因为没有时间的积累，没有专业知识的锻造，没有过硬的学习能力，人肯定是难以达到这种层次的。

作为管理者，立足的工作重点应该是大力去挖掘、引进“专才”，并在部门内形成良性的知识管理机制，为“专才”提供足够的发展空间，让他们有成为“全才”的可能性，这样，对于人才才更有吸引力。

胜任需要超越自己

对于团队而言，管理者就是“领头雁”，员工就是你身后的“雁队”，他们的眼光会时刻紧盯着“领头雁”。“领头雁”飞向哪里，“雁队”就会紧跟着飞向哪里。所以，管理者要时时刻刻记住自己的“领头雁”身份，积极地做出“高飞”的姿态，将员工引领到最佳的工作状态中去，将他们带到胜任的境界中。只有“领头雁”胜任了，才能将身后的“雁队”带到一个理想的地方。

所以提高胜任力，应该从管理者开始，要想让员工胜任，管理者必须首先胜任，部门、整体胜任力的提升是建立在管理者自身胜任力提升基础之上的。

管理从来就是一个双向的过程。几乎所有人都知道上级应该管理下属，下属天生就应该受到上级的管理，这似乎是天经地义的。然而，并不是所有人都知道下属也可以对上级进行有效的管理，并对其施加一定的影响力。管理大师彼得·德鲁克可谓一语中的，他认为上级不仅可以被下属所管理，甚至管理上级还应该是下属的责任，正如他所说的那样："管理上级是下属的责任，也是其成为卓有成效的管理者的关键。"

要想有效管理上级，让上级支持你的工作，你必须避开三大心理误区：

第一，害怕上级，害怕和上级接触，甚至认为主动与上级接触就是一种巴结。

第二，觉得敢跟上级对着干就是个人能力的一种体现，就能够让人刮目相看。

第三，认为下属的职责就是默不作声地做好自己的事，上级总有一天会发现自己的能力。其实这有可能只是你的一厢情愿，因为如果你不去主动与上级沟通，你很可能会失去让上级了解并重视你的机会。

同样，作为管理者，要想胜任岗位，也离不开同级的支持，平级管理者之间比较理想的关系是"内部客户关系"。有不少人都反映同级之间的关系难处。从公司层面讲，肯定是希望同一层级的管理人员能够互相理解、尊重、精诚合作，但他们之间的实际情况往往都是不配合、不理解、不尊重，甚至于互相拆台。公司里平级管理者之间的矛盾、冲突是最多的，也是最让老板们头疼的。譬如，为了一件小事互相扯皮，应该承担的责任推来推去；只关心本部门的利益，只看到本部门的利益，认为其他部门都应该围绕自己转，其他部门是为自己的部门服务，等等。

之所以出现这些情况，就在于很多管理者没有从“内部客户关系”的角度来理解中基层管理者之间的关系。一个中基层管理人员，组织为什么需要他的存在？比如一个财务部经理，为什么要存在呢？就是因为他要对老板有“产出”，对公司的会计制度有“产出”，对公司其他部门也要有“产出”，比如在生产、销售汇对、结算等方面提供财务服务。他对外部客户也有“产出”，比如银行等。正因为他有“产出”，才会有价值，也就是以“内部客户关系”来判断他的价值。如果公司里全体中基层管理者都能够将其他部门和同事看成自己的内部客户，那些互相扯皮、推诿、相互指责、彼此埋怨的现象就会大大减少，每一个管理者都能更胜任自己的岗位。

1. 有危机意识

微软总裁比尔·盖茨经常对员工说：“微软离最后倒闭永远只有18个月。”这句话涵盖了微软管理中重要的一项——危机意识和危机管理。

华为总裁任正非曾在《华为的冬天》中写道：“10年来我天天思考的都是失败，对成功视而不见，也没有什么荣誉、自豪感，有的只是危机感。也许正是因为这样才使公司存活了10年。我们大家要一起来想：怎样才能活下去，这样也许才能存活得久一些。失败这一天是一定会到来的，大家要做好准备，这是我从不动摇的看法，这是历史的规律。”

英雄所见略同，海尔公司的张瑞敏也说过：“我每天的心情都是如履薄冰，如临深渊。”联想的柳传志也曾说：“我们一直在设立一个机制，好让我们的经营者不‘打盹’，因为你一‘打盹’，对手的机会就来了。”

假如企业的管理者，都能像上述企业经营者一样真正拥有“危机意识”，时刻不忘危机意识，甚至于把每一天都当作最后一天来管理，如此重视危机管理，那么在真正面对危机时，就不会再手足无措了。

2. 勇于自我超越

自我超越意味着你要勇于去克服自己的弱点，真正做到对自己的行为负责，随着外界环境的变化不断对自己的行为模式和心理状态进行调整，勇于接受新事物，并能够始终如一地坚守自己的道德准绳。

自我超越是真正建立自信的关键。注意，我们在这里讨论的是一种真正的、积极的自信，而不是那种通过掩盖弱点而表现出来的狂妄自大和造作的自信，也不是过度的自我膨胀和以自我为中心。

真正自信的人通常都比较善于和别人交谈，因为这种人通常内心都有一种安全感，这使得他们敢于了解并接受未知的事物，能够顺应环境的变化及时采取对策。他们明白自己并非无所不知，因而总对事物充满了好奇心。在沟通的过程中，他们善于鼓励对方提出与自己不同的观点，并能在沟通过程中实现自己思想与他人思想的碰撞，不断学习，不断提升。他们敢于冒险，并愿意承担风险，敢于重用那些比自己聪明的人。所以在遇到问题的时候，他们永远都不会束手无策，因为他们相信自己能够解决眼前的问题。

胜任力绝不仅仅是“能完成任务”

来自市场上的变化也会不断地给企业组织带来压力，为了巩固自己的地位，所有的企业都会积极地适应各种变化，同时，还会对自己的员工提出更高的要求。

如今的企业和组织，对其员工的期望，早已不再是仅仅能够完成任务，而应是具备胜任力！胜任力是最基本的工作要求，它能保证员工提供最起码的工作业绩，并胜任不断变化和越来越复杂的工作，让企业能继续健康地发展下去。企业组织对员工的最高期望，就是希望员工具备胜任力。

能否胜任复杂化的工作并在这种变化中生存，是企业考核员工的关键因素之一。有些员工面对越来越复杂的工作，常常表现得束手无策；有些员工则能够很好地适应复杂的工作，胜任自己的职责，取得卓著的工作业绩。如果一名员工能够很好地胜任复杂的工作，以一种精雕细琢的态度去认真对待自己的工作，并能承受由此带来的压力，那自然是新形势下称职的员工。

古希腊雕塑家菲多亚斯在工作时以一丝不苟著称，一次他被委派给雅典城雕刻一座雕像。当菲多亚斯完成雕像要求支付薪金时，雅典市的会计官却以任何人都没有看到他的工作过程为由拒绝向他支付薪金。

菲多亚斯反驳说："你错了，上帝看见了！上帝把这项工作委派给我之后，他就一直在旁边注视着我，他很清楚我是如何一点一滴地完成这座雕像的。"

上帝当然没有注视菲多亚斯是如何完成工作的，但菲多亚斯明白自己对这座雕像倾注了多少心血，同时他也坚信自己的雕像是一个完美的作品。

俗话说"美玉非天成，妙手巧雕琢"，任何一块美玉都必须经过人工刻意的雕琢，才能成为绝世名作。

后来的历史证明了菲多亚斯的伟大，直至2400年后的今天，他的那座不朽的雕像还依然耸立在帕台农神殿的屋顶上，成为世代受人敬仰的艺术杰作。菲多亚斯在2400年前为雅典雕刻这座雕像时，其实他也是在为自己雕像，是他的认真雕琢铸就了那件千古艺术名作。

拥有一批像菲多亚斯一样的员工，是每一名管理者所期望的。因为他们在工作中会精雕细琢、认真负责，而不会消磨时光、敷衍了事，因而其工作业绩也必将闪耀着光芒，无愧于胜任典范的称号。

“绝不仅仅是完成任务，而是成为胜任典范”。这种新的衡量员工的视角，也为中基层管理者提供了一种筛选、考核员工是否合格乃至培养称职员工的新标准。那么，如何才能判断出员工是否是胜任典范呢？换句话说，胜任典范的背后需要哪些特质来做支撑呢？

1. 自动自发

如今，传统的对待职业的态度，已经不能适应现实的需要，只具备忠诚、勤奋、敬业等这些素质是远远不够的。那些事事待命而行，只接受指令、只满足于完成上级交付任务的员工，也称不上是胜任的员工。美国员工激励专家鲍伯·尼尔森在《不要只做我告诉你的事，请做需要做的事》一书中谈到，每一位雇主、管理者心中对员工都有一种最强烈的期望，那就是：不要只做我告诉你的事，要运用你的判断和努力，为公司的利益而战，去做任何需要你去做的事，做一个自动自发的员工。

自动自发的员工，善于把握机会，他们时刻表现出一种积极主动的精神，并展现出超乎他人要求的工作表现，他们信奉“主动就是效率，主动、主动，再主动”的工作理念，同时具备“为了完成任务，能够打破一切常规”的魄力与判断力。

在“钢铁大王”卡耐基的眼里，“有两种人注定一事无成，第一种是除非别人要求他去做，否则绝不会去主动做事的人；另外一种人则是即使别人让他做，他也做不好事情的人。而那些不需要别人催促，就会主动去做事，而且不会半途而废的人，才能取得成功，这种人懂得要求自己多努力一点、多付出一点，而且比别人预期的还要多”。

2. 将心注入，尽善尽美

日本有一句这样的俗语：“先尽人事，后待天命。”同样，在工作中，每个人也都应该尽自己最大的努力，去认真对待自己的每一项工作，并在工作中严格要求自己，做足一百分。人如果能做到最好，就不能允许自己只做到一般；能做到百分之百，就不能只做百分之九十九；能尽到百分之百的心，就不能只尽到百分之九十九的心。

星巴克的创始人霍华德·舒尔茨曾写过一本书，名为《将心注入》，在书中，舒尔茨强调的一个重要理念就是：“如果你对自己的工作或其他任何值得为之努力的事业，投入全部的身心，那么你就有可能实现在他人看来不可能实现的梦想。生活将会因此变得很有意义。”

舒尔茨的理念给我们的借鉴意义在于，一个人的工作是否顺利，是否能够达到常人难以企及的高度，一个关键因素是，他有没有将心注入到工作中去，有没有对每一项工作都付出一百分的努力。

开汽车的时候，窗户打开，即便是60码的速度，我们也会觉得车速很快；而把窗户关起来，车子开到120码时，我们可能也没感觉到车有多快。其实，对待工作也如同开车，如果总在听外面的声音，什么事都要去关注一下，那么心情必然是浮躁的；而只有将全副身心都集中到工作上去，以百分之百的精力去对待手头的工作，工作才会像时速 120 码的汽车般飞速前进。

要想真正做到将心注入到工作中去，除了以一百分的努力去对待工作，还要将工作看作是自己的一项事业，而不是一份苦差事。比尔·盖茨曾说："如果只把工作当作一件差事，或者只将目光留在工作本身，那么，即使是从事你最喜欢的工作，你依然无法保持对工作的热情。但如果把工作当作一项事业来看待，情况就会完全不同。"

当一个员工视自己的工作如自己的生命一般神圣，当一个员工把自己的全部精力都投入到某一项工作中去，对这项工作付出一百分的努力，追求尽善尽美，那么他就可以说是一个最好的胜任典范了。

3. 无所不在的责任意识

工作本身就意味着负责，强烈的责任感是一个员工实现自我、走向卓越所必备的一种优秀品质。

在这个世界上，每项工作都需要负责人。因此，不承担任何责任的人，也不会带来任何工作成果。而且，一个人的职位越高、权力越大，所需要肩负的责任相应地也就越重。所以，要想在工作中创造出一番作为并树立起自己牢不可破的地位，就必须具备超乎常人的勇气和魄力，就必须肩负起超乎常人的责任和重担。

中国 WTO 首席谈判代表龙永图先生在 2001 年 APEC 会议上，曾提到这样一件小事：一个七八岁的瑞士小男孩，独自去厕所，很长时间都没有出来，他妈妈非常着急。此时恰巧一位男顾客经过，小男孩的妈妈就恳求男顾客进去找自己的儿子，那名顾客进去后，大吃一惊，原来他发现小男孩满头大汗在修抽水马桶，他想尽力把马桶冲干净。而且男孩还以一种毋庸置疑的口吻说："马桶没冲干净怎么可以走呢？"

我们在对这位小男孩的责任感发出由衷赞叹的同时，也不得不佩服瑞士人从小就注重的责任教育，以至于责任感都成为了小孩子的一种行为习惯。我们从这件细小的事情上看到了小男孩所具备的强烈的责任意识。

如果在工作中，我们的员工也都能像这个小男孩一样负责任的话，那么可以肯定地说，我们的团队将会走在其他团队的前面。

世上没有不必承担责任的工作，工作就意味着责任。如果说没有责任感的军官是不合格的军官，那么没有责任感的员工也绝不是有胜任力的员工。勇于承担责任，会让人在工作中变得更具竞争力，也会更加优秀和有胜任力。

4. 胜任的员工怎能没有激情

任何富有成效的工作的达成，都缺少不了激情的作用，激情是一种能把人全身的每一个细胞都调动起来的力量。

在工作中，激情是鞭策员工前进的必不可少的一种动力，对工作充满高度激情的员工，才可以无所畏惧地去直面所遇到的困难和障碍。

IBM中国区人力资源总监白文杰曾说：“从人力资源的角度而言，我们希望招到一些对工作充满激情的员工，哪怕他们对行业涉猎不深，年纪也不大，但是，我知道只要他们一旦投入工作之中，所有工作中的难题就都不能称之为难题了，因为激情激发了他们身上所有的钻研的细胞。另外，他周围的同事也会受到他的感染，并且也能够产生出对待工作的激情。”

充满激情的工作，才能开启伟大的事业之门。在工作中，如何才能让员工发挥出其最大价值，这个问题只有一个答案，那就是让他们具备追求卓越所必需的激情，因为激情能够造就卓越。爱默生曾经说过：“没有激情，就没有任何事业可言。”

有激情的员工会成功。管理者要做的就是帮助他们把这种激情转化为更热烈的火焰，让这火焰把自己燃烧起来。

杰克·韦尔奇在自传中写道：

“每次我在克罗顿维尔向学员提问，拥有什么特质才能称得上一名‘顶级的成功者’，我常常高兴地看到一个举起手来的年轻人说：‘是工作激情。’对我来说，工作激情具有‘一美遮百丑’的功效。如果有哪一种品质是成功者所共有的，那就是他们所具备的激情。多年来，我一直在我们的管理者当中挖掘工作激情。激情并不是浮夸张扬的表现，而是某种发自内心深处的东西。”

激情，可以说是一种最佳工作状态的代名词，因为它是工作的灵魂，也是区别普通员工和优秀员工的一个关键因素，作为管理者，应当想方设法去让员工充满激情，点燃激情。

爱员工但不“惯”员工

法国企业界有一句名言：“爱你的员工吧，他会百倍地爱你的企业。”

劳伦斯·米勒也建议管理者要在部门内建立一种亲密感，他提出：“这种亲密感不是靠给予物质利益、通过福利来使员工与公司互依互赖，而是要建立在相互尊重、彼此独立以及相互关切上。这种亲密感就像成熟的婚姻那样——它既不会给人压迫感，又不会叫人觉得郁闷无聊。”

所以，只有去尊重、去关心、发自内心地去爱你的员工，才能在部门、团队内部形成融洽的上下级关系，进而让你的员工更称职、更胜任。

管理者，要爱你的员工，还要去带你的员工。爱他，带他，这是管理者对员工的一种基本责任，也是管理者胜任力的一种体现。

但是，凡事都有一个度的问题。“带”和“爱”，能让员工更快地适应工作，能给员工以温馨的感觉。部门内部能够和睦相处，本来是一件好事，但如果掌握不好度，将企业的规章制度和基本的管理原则抛之脑后，将“带”和“爱”在现实中演化成“宠”和“惯”，那就成人情化管理了，其结果只会适得其反。在现实中，这种情况屡见不鲜。

有一次巴西总统曾开玩笑说罗纳尔多有点太胖了，没想到此话招致罗纳尔多的严重不满，他表示：“我能进球就行了呗，你管我胖不胖呢！”

现在的球场完全是“结果导向”，只要球员能够进球，球队能赢球，其他的都无所谓。现今很多的管理者对员工也是抱以这种态度：“我要的是结果，结果以外的事我不管。”

但是，管理者的这种态度无疑会“惯”出员工的坏毛病。对迟到、早退、脱岗、溜号、工作不负责、生活不严谨、学习不认真、办事不求效、有问题就习惯找领导等现象，管理者视而不见、听之任之。事实上，这些毛病很可能正是你平常对他们采取的不当的“带”、“爱”等管理措施给“惯”出来的。

“子不教，父之过。教不严，师之惰。”对此，没有多少人会持异议，照此推下去就会有：员工不胜任的表现，是由于管理者的不当管理造成的，是由管理者的溺爱造成的。

父亲必须对子女的过错承担责任，老师必须对学生的成绩负责任。而作为管理者，你也必须对员工负起责任：

爱他，带他，但不宠他、惯他！

1. 不要纵容能力不足的人

每个管理者的手下或多或少都有一些能力有所欠缺的员工，或接受能力不足的员工，这是一种难以避免的现象，但是这并不意味着你可以纵容那些能力不足的人。在管理中，如果你把一个错误的人摆在一个错误的位置上，那就是在纵容能力不足的人，也就是纵容不胜任的员工。

知名培训专家余世维曾指出："管理不是比谁更受欢迎，管理是秉承公司的政策，掌握公司的资源，把人力、物力和财力进行妥当的分配，达到企业的目标。管理不是为了让所有人都说自己是好人，凡事睁一只眼、闭一只眼，因为这样容易纵容能力不足的人。"

因此，你一定要注意这一点：不要将对员工的"爱"演化为"纵容"。

2. 莫将员工"惯"得太娇气

现在有些管理者强调人性化管理，孰料却将员工"惯"得太娇气，他们忍受不了任何挫折、委屈。但是，要知道我们的企业组织所处的是一个优胜劣汰的竞争环境，如果自己手下带的是一支"娇生惯养"的队伍，那么将很难在激烈的市场竞争中胜出。因此，如此"惯"员工的结果只能是企业失败、员工失去胜任力。

作为管理者，要让员工认识到“合理的是训练，不合理的是磨炼”，很多成功人士都是经过严格的磨炼之后才走上快速成长之路，让自己在激烈的职场中变得越来越有胜任力。

3. 没有规矩，不成方圆

“没有规矩，不成方圆”，管理需要制度，组织需要秩序。如果缺乏明确的规章、制度、流程，工作就容易出现混乱。因此，管理者应该带头维护规矩的权威，如有人违反，就要予以惩处。

美国国际农机商用公司的老板西洛斯·梅考克，是一个坚持规矩的人，如果有人违反了公司的制度，他必然会给以惩罚。

一位跟梅考克干了10年的老员工酗酒闹事，还顶撞上司。根据公司制度，这是一种不能容忍的行为。梅考克了解了事情的前因后果后，迟疑了一下，但仍然决定将这名老员工辞退。

这名员工对此感觉很委屈，在他看来自己毕竟和公司有过“患难之交”，老板不应该因为这点小问题就将自己开除。

但梅考克却耐心地对他解释说：“你是老员工了，公司的制度你不是不知道，本来应该带头遵守才对……再说，这不是你我两人之间的私事，我只能按规矩办事，不能有任何例外。”

经过交谈，梅考克又弄明白了老员工“闹事”的原因，原来是由于他的家庭突遇变故造成的。梅考克得知这一情况后非常震惊，便安慰他说："现在你不用有太多顾虑，快点回家去，料理好家里的事情，放心，我不会让你走上绝路的。"说着，从包里掏出一沓钞票塞到老员工手里。

看着老员工感动的样子，梅考克再次嘱咐老员工："回去先安心照顾家吧，不必担心自己的工作。"

听了老板这番话话，老员工转悲为喜说："你是想撤销开除我的命令吗？"

"你希望我这样做吗？"梅考克亲切地问。

"不，我不希望你为我破坏公司的规矩。"

"对，这才是我的好朋友，你放心地回去吧，我会做适当安排的。"

老员工被开除了，但梅考克却将这位工人安排到自己另外的一家牧场当了管家。

梅考克妥善地保持了公司制度与下属情感上的平衡，既维护了公司制度的威严，也不失人情味，可谓是一个会管理、爱员工的典范，他的行为值得所有管理者去效仿。

4. 严格管理不是冷酷无情

现实中还有这么一类管理者，他们倒是"不宠"、"不惯"员工，却又走向了另一个极端：他们对员工首先想到和强调的就是要"严"，总是把员工管理得严严实实，只许老老实实，不许乱说乱动。

比如，曾经名噪一时的亚细亚集团，曾经试过军事化管理，制定了很多极其严格的规章制度：全体员工都要接受军训，春夏秋冬都穿着相应的制服，并按技术等级在肩章上显示星阶标志，商场职工要按连排班进行编组。

在经营理念上，亚细亚提出“上帝是永远正确的”，要求处处进行微笑服务，既要注重仪表仪容、礼貌礼节，还要做到打不还手、骂不还口，甚至公开强制员工要抛弃个人的个性，转而培养出亚细亚的个性，总之，员工对公司要绝对服从。

在这种制度下，人们看到，在商场里面，当一些营业员被顾客破口大骂，感到非常委屈时，仍然要微笑以待，因为她们“不敢拿自己的饭碗开玩笑”。

但是，这种只尊重顾客不尊重员工，甚至不惜以牺牲员工人格和尊严为代价去取悦顾客的管理方法，其结果只能是扼杀了员工的尊严，使员工没有了丝毫的工作自豪感，有的只是委屈与自卑感。

这样严格管理的效果会好吗？答案显然是否定的。

我们都知道，管理是一门科学，也是一门艺术。它的科学性体现在要严而有序，严而有据。严格管理并不意味着冷酷无情，更不意味着可以把员工当作生产工具和机器，只是依靠制度来规制。其实，管理者还要学会从关心和爱护员工的角度出发，尊重员工的人格，维护员工的正当利益，这样，才能让员工心服口服。

5. 宽严要适当——管理是一种严肃的爱

“管理之父”法约尔说：“在管理方面没有太死板和绝对的东西，这里全都是尺度问题。”所以，管理者在带领员工的问题上，也一定要掌握好“度”，而不是越严越好，更不是越宽松越好。

对一个部门、团队来说，如果缺乏严格的管理，对员工太过温和的话，他们很容易会被“惯”坏，而失了规矩；但如果过分严格，又会给员工造成一种无形的威压，同样会影响他们的工作效果，对工作放不开手脚，不敢去自由发挥、大胆创新，这样，整个部门将会显得毫无生机。

管理者对员工要做到宽严得宜，才会事半功倍。

第一，要把握好宽严的尺度，严中有爱，并让员工了解你的良苦用心。

对员工，你要把握好宽严的尺度，在严格管理中，让他们能够体会到你的爱心与良苦用心。人非草木，孰能无情？只要你将这些信息准确地传达给员工，他们会理解你的苦衷的。

第二，是宽是严，要根据具体情况而定。

诸葛亮之所以以严治蜀，是因为前代治理太宽松，所以他才审时度势，遵循儒家“世轻世重、宽猛相济”的原则。后来清代人赵藩还专门为此写了一副联：“能攻心则反侧自消，自古知兵非好战，不审势，即宽严皆误，后来治蜀要深思。”赵藩是在警告后人，不能盲目学诸葛亮而一味用严，也不能盲目反对诸葛亮一味用宽，而应当审察当时形势，深思熟虑，然后决定用严还是用宽。

管理员工也是一样的道理，用宽还是用严，需要完全根据当时所处的环境，根据人、事、势的不同而灵活决定。

中篇

管理者胜任力提升之道

中基层管理者胜任力提升的管理实务

管理，从思想上来说是一种哲学，从理论上来说是一门科学，从操作上来说又是一种艺术。

理查·布兰迪是一个技术天才，他是微软公司的首席软件设计师，他在26岁的时候，成功设计出第一版Word软件，并因此引起了比尔·盖茨的重视，还让他带领一个小组开发一套新的软件。遗憾的是，这个新的开发计划没有成功，因为布兰迪缺乏领导他人的心理准备和必要能力，导致计划延误，甚至最后还因此离开了微软。

后来，据布兰迪自己分析，他认为自己是一个好的技术人员，但并不适合担任小组或是部门管理者的工作，因为他不知道该如何去管理别人。因此，在带领小组工作时，他缺乏信心，又不好意思向其他人求助，他怕因此而暴露出自己能力上的不足——不是技术能力，而是领导能力。

理查·布兰迪是一个技术能手，这是不可否认的，但他显然不是一个好的管理者，甚至，他根本就不能胜任管理者的工作。他虽身居管理者的要位，但其本身不是一个有胜任力的管理者。

那么，如何才能成为一个有胜任力的管理者呢？首先要明白什么是有胜任力的管理者，有胜任力的管理者应具备哪些必备的素质和能力。在现实中有很多人主张采用“大筐”理论，也就是所有相关的影响因素都往里边装，他们得出的结论往往是：一切优秀的品质和能力管理者都应该具备，否则便无法胜任。

显然，这样的观点对中基层管理者的管理实务是毫无指导意义的。

中基层管理人员的胜任力，是指管理者为达成管理绩效、胜任管理岗位而必需具有的知识、技能和个人品质。需要注意的是，并不是管理人员所具有的一切知识、技能和品质都可以称之为胜任力。构成胜任力的要素和标准应具有以下四个特征：

第一，与管理岗位的要求紧密相关。胜任力要求的知识、能力和个人品质必须与管理岗位的职能要求相匹配，并能够形成和体现为管理者的工作方式、职业习惯和岗位行动力。

第二，有助于提升工作绩效。那些无助于提升工作绩效的能力和素质，都不是胜任力的素质。比如学历和工作经验，如果这些因素对管理者本身工作绩效的提升有直接的影响，那么就可以认为是胜任力素质，否则，就不是。

第三，参照该绩效优秀者的工作标准，而不是绩效一般者的标准。比如在一般应试考试中 60 分就算及格，但是对于一位中基层管理者，在管理工作绩效考核中如果得到 60 分的成绩，就不是具有胜任力的，不能算是一名合格的管理者，因为管理者必须在岗位上具有优秀的表现才算胜任。

第四，能够适应企业未来发展的需要。今天的胜任并不意味着将来还会胜任，一名具有真正胜任力的中基层管理者，不仅要能够胜任当下的工作需要，还必须具有不断学习和自我提升的能力，为未来的提高储存能量，这样，才能够随着企业的发展和工作要求的提高不断释放出新的工作能量，永远保持高超的胜任力。

考量一位管理者是否胜任，必须看他是否能满足中基层管理职位的工作需要，还要从胜任力的角度思考，界定管理者所应具备的能力和素质，这些因素应该是中基层管理者顺利完成工作必须具备的前提条件，如果具备了这些条件，就能够胜任中基层管理的职位，如果不具备这些条件，就不能算是一位合格的管理者。

1. 不可或缺的自我管理能力

欲管理别人，首先要管理好自己。自我管理近年来已成为管理界的热门话题，李嘉诚说：“在我看来，要成为好的管理者，首要任务是自我管理，在千变万化的世界中，发现自己是谁，了解自己要成为什么模样，并建立个人尊严。”

这里所说的自我管理能力包括：对自己领导能力的认识以及扬长避短；正确理解工作与生活的意义，并在此基础上建立正确的人生价值观；认知并管理自己的情绪、压力；评价并建立自己的工作目标与职责。

2. 全方位修炼，摆正自己的位置

中基层管理者，上承领导，下达员工，中联部门，因此，要善于处理和协调好上下、左右的关系，这一点不论是从工作还是从个人发展的角度看都是十分重要的。那么，一名称职的中基层管理者，在日常工作中应该怎么处理好这些关系呢？笔者认为就是要摆正自己的位置。

首先，对上级要体谅。人们通常认为上级应体谅下级，但上级也需要得到下级的体谅。比如，要理解上级的苦衷，知道上级肩上的担子比自己的更重，风险比自己更大，伤脑筋的时候更多，所以称职的中基层领导在上级有了棘手的事情时要想办法替上级分忧，汇报问题时要有自己的意见，对待上级的批评不要“解释”、不找借口。

其次，对下级要关心。要勇于让功揽过，切记不可把责任向下推。善于让功揽过的管理者，展示给下属的是一种魄力和勇气，是一种个人素质与责任心的双重体现。如此去做，才能在部门内部形成一股凝聚力。

再次，对同级要尊重。同级之间的关系是一种复杂的关系，而且还会牵扯到各种不同派系及小团体的利益，所以，对同级关系一定要妥善处理，多去理解对方，尊重对方，这是管理者思想成熟的一个重要标志。尊重同级体现在坦诚相待、相互信任，遇到有争议的问题要从全局出发想办法解决。

最后，对自己要加强修炼。首先要在人品上也就是道德上严格要求自己，不做出格的事，待人真诚，不去算计陷害别人，特别是不能在他人面前论人长短。此外，还有几点需要注意的是：待人接物要注意基本的礼貌、礼节；把职位和金钱看得淡一些；远离各种“恶习”，人都有七情六欲，但要注意控制自己的不良欲望，因为恶习一旦沾上是很难自拔的。

3. 做“有情”的人，做“无情”的管理者

这句话听起来似乎是自相矛盾的，其实并不矛盾。人可以“有情”，但管理应该是“无情”的。管理者需要用制度去管理，对待管理“有情”是有害无益的。管理者不仅要按制度办事，而且还要做到“一视同仁”、“制度面前人人平等”。但我们在现今很多管理实践中见到的却是一些管理者在管理过程中经常夹带一些个人感情，甚至随心所欲、处处“留情”，使“情治”大于“法治”，或出于“面子”或出于个人及小团体利益的需要，往往“手下留情”，这样的管理者是不具备胜任力的。

一个有胜任力的管理者要处理好“有情”和“无情”的关系，要能够自然实现由“无情”到“有情”的转变。在工作之外，要心怀大爱，放下“无情”的面孔，做一个“有情”的人，以轻松亲和的状态融入部门、团队中去，关心帮助员工成长，营造“和谐有情”的部门、团队工作氛围。

4. 做一个“懒惰”型领导者

管理者，应该是“勤快”还是“懒惰”？笔者认为，“懒惰”的管理者在指导员工工作时，会只说自己的思路，至于怎样干，那是员工自己的事，要靠员工自己去想、去做；而“勤快”的管理者，不但会告知员工自己的思路，甚至连具体的操作细节都替员工考虑好了。

为什么笔者主张大家做“懒惰”型管理者呢？道理很简单，因为，员工遇到了“懒惰”的管理者，只有框架性的思路可以参考，他们就必须在工作中充分发挥自己的主观能动性以及勇于探索的创新精神，否则便难以完成任务。而且，这种带有摸索意味的工作结果往往会比领导预计的要好。但是，在“勤快”型管理者的领导下，员工只需要“照葫芦画瓢”，按照领导的意图去做就可以了，他们往往并不关注工作结果的好坏，也不会充分发挥自己的主观能动性，工作效果也难以出彩。

当然，管理者要做“懒惰”型领导，并不是要养成懒惰、懒散的习惯，如此去做的目的，是为了更好地给员工以历练的机会，同时也是为了将有限的时间用在更有价值的工作上。因为，每个人的时间、精力都是有限的。作为领导，每天都有很多的事情要处理，如果事无巨细都去过问的话，不但会造成效率低下，而且很难有精力对整体工作进行谋划，最终造成“事事都抓，事事都抓不好”的结果。

“标杆式”管理是提升胜任力的方法之一

美国学者亨利·凯斯格尔说：“领导者的工作，是要把他的员工带到一个他们不曾到过的境界。普通员工通常并不完全了解这个世界，领导者有责任去拓展他们的视野。如果不这样做，那么作为领导者，即使现在很受欢迎，最终还是注定要失败的。”

对于自己的队伍而言，管理者要时时刻刻记住自己的“领头雁”身份，积极地做出“标杆”和榜样，将员工引领到最佳的工作状态中去，将他们的胜任力打造得出色，最终成为有胜任力的典范！

那么，如何才能让员工总是超出别人的期望，而不故步自封，满足于既有成绩呢？一个行之有效的办法就是不断为自己也为员工树立新的努力目标、超越目标，这些目标可以是组织内部的，也可以是自定的一种理想境界，还可以是外部其他高绩效组织的，比如：

谁在行业中的市场份额最大？

谁的客户满意度最高?

谁的运作流程最先进?

谁的员工最具竞争潜力?

谁的管理模式最好?

……

瞄准了这些最好的东西，然后想方设法在自己的部门内去实施、模仿进而超越，这样部门内员工总体胜任力才能日渐提升，没有上限。

这种管理方式，用一个专业的词汇来形容的话，那就是“标杆式”管理。

中国有句古训：“以铜为鉴，可以正衣冠；以史为鉴，可以知兴替；以人为鉴，可以明得失。”如果将其运用到现代的企业管理当中，那就是“标杆式”管理。

俗语说得好：“榜样的力量是无穷的。”“标杆式”管理就是为自己树立一个榜样。时至今日，“标杆”已是企业内部员工向上努力的一种不可或缺的工具。向榜样学习是追求进步与卓越的本能性举动，这种行为在历史上早就存在，如诸城邦之学希腊、日本之学大唐。

标杆管理，又称基准管理、目标管理、参照管理，是指企业或管理者将自己的产品、服务和经营管理方式与行业内或其他行业的领袖企业进行衡量比较，找出自身不足，学习他人长处，从而持续提高自身的产品质量和经营管理水平，并最终实现超越。它起源于20世纪70年代末80年代初，当时首先开辟“标杆式”管理先河的是施乐公司。

20世纪70年代末，一直保持着世界复印机市场垄断地位的施乐公司受到了来自日本企业如佳能、NEC等公司的挑战，施乐公司在产品开发周期、开发人员上不再占优势，其全球市场份额从巅峰时期的82%直线下降到35%。面对竞争的威胁，施乐公司迅速做出反应，决定向日本同行学习，开展了广泛、深入的“标杆式”管理。通过全方位的集中分析比较，施乐弄清了这些日本公司的运作机理，找出了与佳能等主要竞争对手的差距，全面调整了经营战略、战术，改进了业务流程，很快收到了成效，把失去的市场份额重新夺了回来，市场竞争力、员工胜任力都得到了大幅提升。

看到这里，你或许会问，施乐公司的学习标杆是佳能、NEC等企业，那么佳能、NEC这些企业又是以谁为标杆呢？也就是说那些本身已经做得十分出色的企业和管理者又模仿和学习的是谁呢？

其实，所谓的“标杆式”管理，真正的目的就是为自己去找一个学习榜样，来保持进取心或者叫企图心，哪怕本身已经是很优秀的企业和管理者，都可以找到。来看看美孚公司是怎么做的。

美孚石油公司是世界上最著名的公司之一，也是行业内的翘楚。早在1992年，它的年收入就已高达670亿美元，按理说，美孚公司应该找不到什么学习的标杆了，甚至也无需这样去做了。但极具进取心的美孚公司却想做得更好，为此他们进行了一次详细的顾客调查，结果发现，有80%的顾客最想要得到三样东西：一是快捷的服务，二是能提供帮助的友好员工，三是客户对他们的消费忠诚予以一些认可。

美孚进而又将顾客需要的三样东西简化为速度、微笑和安抚三个要素。在美孚看来，自己在石油行业已经做得最好了，但就上述三个要素而言，一定还有做得更加出色的其他行业的企业，于是，美孚决定分别就以上三个要素在行业外寻找自己的“标杆”。

功夫不负有心人，美孚想要的三个“标杆”很快都找到了。

第一，关于速度。美孚从一级方程式赛车上找到了灵感，他们发现在比赛中，当赛车风驰电掣般冲进加油站，为比赛提供加油服务的潘斯克公司的加油员就会一拥而上，一瞬间就为赛车加满油并目睹他们绝尘而去。美孚的工作人员经过细心观察，发现了潘斯克能够快速加油的绝招：加油员身着统一的制服，分工细致，配合默契。他们还使用了电子头套耳机，使得每个小组成员能及时地与同事联系。

弄清了这些，美孚开始改造自己的加油站：首先是在加油站的外线上修建停靠点，设立快速通道，供紧急加油使用；加油站员工开始佩戴耳机，形成一个团队，安全岛与便利店可以保持沟通，及时为顾客提供诸如汽水一类的商品；服务人员保持统一的制服，给顾客一个专业加油站的印象。

第二，关于微笑。美孚将丽嘉·卡尔顿酒店当作了温馨服务的“标杆”。该酒店号称是全美最温馨的酒店，他们的服务人员总保持招牌般的甜蜜微笑，因此也获得了顾客的极度赞誉。丽嘉·卡尔顿酒店的员工们信奉的理念是——自己的使命就是照顾好客人，使客人觉得舒适。

美孚于是又开始用酒店培训员工的方式来对加油站工作人员进行微笑培训。现在，用加油站服务生约翰的话说：“在顾客准备驶进加油站的时候，我已经为他准备好了汽水和薯片，有时我在油泵旁边，准备好高级无铅汽油在那儿等着，他们都很高兴，因为你记住了他们的名字。”

第三，关于安抚。美孚从全美公认的回头客大王“家庭仓库”公司意识到了：公司中最重要的人是直接与客户打交道的员工。而过去在美孚公司，那些销售公司产品、与客户打交道的一线员工却被看成是公司里最无足轻重的人。现在，这种观念得到了彻底改变，一线员工迅速得到了重视和相关培训。

经过细致入微的“标杆式”管理后，顾客再前往美孚各个加油站时，迎接他们的是着装整洁、头戴耳机的服务员真诚的微笑与问候，随后是快捷的服务流程。

美孚实施这一“标杆式”管理的结果是：加油站的平均年收入增长

了10%。

可见，所谓“标杆”就是一切值得模仿的榜样。从中基层管理者的角度来说，标杆管理就是在创标文化、激励机制的引导和推动下，引导员工去不断寻找和研究企业内外部的最佳实践(最佳实践即为值得员工学习、模仿和超越的“标杆”，它可以是本企业优秀员工好的工作方法、模式、流程或标准，也可以来源于外部企业)，以此为基准与本企业、本岗位进行比较、分析、判断、拟订并实施有针对性的岗位业绩改善方案，从而推动本岗位、本部门或企业不断改进，创造更好的工作业绩。

在实施“标杆式”管理的过程中，应注意以下几点：

1.“标杆式”管理的实施时机

标杆管理有其实施的最佳时机，一般是由部门、团队出于以下计划和需要而提出的：

第一，部门提出质量计划时，可以借助实施“标杆式”管理的机会来实现质量计划；

第二，降低成本费用支出时，管理者可以借助“标杆式”管理向在成本控制方面有经验的企业或本企业其他部门学习，以达到降低成本的目的；

第三，改进操作流程时，通过“标杆”管理，能够找到最佳实践的操作流程方法，达到改进操作的目的；

第四，改善内部管理时，“标杆”管理在提高管理效率、分析管理合理性等方面都可以帮助管理者找到最佳的典范；

第五，需要创造新机会时，“标杆”管理能够发现新机会，为部门找到新的出路。

2. 可供选择的“标杆”

从美孚公司的成功实践我们看到，可供选择的“标杆”是多种多样的。通常，管理者可选择以下几种“标杆”管理方式：

第一，内部“标杆”管理。即以企业内部典范为榜样的“标杆”管理。这是最简单且易操作的“标杆”管理方式之一。管理者应该确立内部绩效“标杆”的标准，即确立内部“标杆”管理的主要目标，然后将其推广到本部门中，这是提高部门绩效与员工胜任力的一个最便捷的方法。当然，如果只是单纯执行企业内部“标杆”管理，时间长了往往会产生封闭思想。因此，在实践中内部“标杆”管理应该与外部“标杆”管理结合起来使用。

第二，竞争“标杆”管理。即以竞争对象为榜样的“标杆”管理，竞争“标杆”管理的目标是与同行业的其他企业在产品、服务和工作流程等方面的绩效与实践进行比较，寻找差距和不足，并迎头赶上，提升自己的竞争力。

第三，职能“标杆”管理，即以行业领先者或某些企业的相关部门的优秀职能操作为榜样进行的“标杆”管理。这类“标杆”管理的合作者常常能相互分享一些技术和市场信息，“标杆”的基准是外部企业及其职能或业务实践。由于没有直接的竞争者，因此合作者往往愿意提供和分享技术与市场信息。

第四，流程“标杆”管理。也就是以最佳工作流程为榜样进行的“标杆”管理。这种“标杆”管理针对的是工作流程，不是某项业务与操作职能或实践。这类“标杆”管理可以跨不同类组织进行。它一般要求管理者对整个工作流程和操作过程要有很详细的了解。

3.“标杆式”管理的实施步骤

“标杆”管理的先驱和最著名的倡导者——施乐公司的罗伯特·开普，将“标杆”管理活动划分为5个阶段，每阶段有下面若干个步骤：

第一阶段：计划。确认对哪个流程开始进行“标杆”管理，确定用于做比较的公司或部门。

(1)了解市场和消费者；

(2)设计产品和服务；

(3)推销产品和服务；

(4)提供产品和服务；

(5)确立部门远景目标；

(6)开发和管理人力资源；

(7)管理各种信息；

(8)管理财务资源；

(9)管理物质资源。

工作中，要鼓励员工坦言现有操作流程中存在的问题与可以改进的地方，将该流程分解成若干的子流程，以了解整体流程和每一细节。

第二阶段：发现与分析。了解作为“标杆”的公司或部门，确定自己目前的管理措施与“标杆”之间的绩效差异，拟定未来的绩效标准。

要尽可能地去了解被当作“标杆”的对象，尽可能地了解他们的各种业务流程，这样才能充分学习到“标杆”真正制胜的东西。与此同时，在寻找“标杆”对象时，还应做到保持合法、机密、防止信息外流、未经许可不擅自引用、诚信、承诺并全力贯彻等应该遵守的行为规范。

第三阶段：整合。就“标杆”管理过程中出现的新问题、新发现进行交流并获得认同，最后确立部门目标。

第四阶段：行动。制订一个行动计划，用来指导你的实践活动。行动计划通常应包含以下基本要素：人事、预算、培训、资源状况、评估方法等等。

第五阶段：监测与评估。对“标杆”管理所产生的长远结果进行定性和定量评估；找出实施过程中的问题和偏差，并重新调校“标杆”，以做改善和矫正。

管理者的胜任之道在于领导力

衡量一个管理者是否成功的标准，并不在于他自己的能力有多强，而是要看他是否懂得如何去管理、去协调、去用权，是否懂得去信任并借助下属的力量来达成团队的目标，进而提升自己的领导力、胜任力，并提升整个团队的胜任力。

有一个老人，儿女常年不在家，老伴也已先他而去，所以他时常会感到非常寂寞。有一天，他看到邻居家养了几只鹦鹉，能够很好地排解心中的孤寂之情，于是也想去买一只。

老人来到了鸟市，市场上有各种各样的鹦鹉在出售。

他首先来到一只鹦鹉面前，只见它前面有个标牌上面写着："此鹦鹉会两门语言，售价 500 元。"

接着，他又来到另一只鹦鹉面前，这只鹦鹉前面的标牌上写着："此鹦鹉会四门语言，售价 1000 元。"

老人这下犯愁了，因为他感觉这两只鹦鹉都不错，吐字都很清晰，也很灵巧可爱，买哪一只更好呢？老人拿不定主意，于是他又继续在鸟市上溜达，准备看看还有没有更合适的。

不久后，他发现了一只老掉牙的鹦鹉，毛色暗淡散乱，显得狼狈不堪。老人心里暗忖道："这样的鹦鹉，几乎一无是处，又有谁会去买呢？"但是当他凑近一看标价，却吓了一大跳，原来这只不被他看好的鹦鹉居然标价 2000 元。

老人感觉非常好奇，就急忙询问卖主："莫非这只鹦鹉会说八门语言？"

卖主摇摇头说："不，它就会一种语言。"

听他这样一说，老人更好奇了，又问："那……那为什么这样一只又老又丑，又没有什么技能的鹦鹉，却值这么多钱呢？"

卖主回答道："因为另外两只鹦鹉都叫这只鹦鹉为'老板'。"

从这则幽默故事中，我们能够领悟出什么道理呢？那只丑鹦鹉虽羽毛不比其他鹦鹉更光鲜，语言天赋也不比其他鹦鹉更厉害，但它只需掌握好一个关键点就行了，那就是别的鹦鹉都叫他"老板"。

管理者，并不意味着各个方面都比下属强，换一个角度，同样的道理，管理者也不要期待员工总比自己棒，因为这不是胜任工作的标准，员工是否真正胜任岗位，关键在于管理者能否合理用人。

1. 告知员工应做的工作

员工能够完成上级交予的任务，就是一种胜任，在对员工说明其任务时，宜单纯明快。比如“这就是你需要去做的工作”。具体来说，“这就是你需要去做的工作”这句话包含以下几层意思：

第一，上级交付的是什么工作；

第二，完成这项工作需要具备的条件；

第三，员工要想方设法完成工作；

第四，员工要想办法追求更好的结果或超出上级的期望值。

2. 做一个包容的管理者最重要

聪明的管理者应该知道，每个下属都有自己的背景和个性特征，他们各自拥有不同的才能。没有任何一名员工是一无是处的，同样也没人是尽善尽美的。因此，不要以为你的下属都是无所不能的，更不能因此而对他们报以过高的期望。

《贞观政要》一书中提到这样一个细节：

贞观十一年，有人向唐太宗上书，凌敬(贞观中期因魏征举荐而为官)曾向人乞求借贷。唐太宗听了之后非常恼火，责备魏征等大臣滥用官员，并准备加以惩处。

魏征听了之后辩解道：“臣等在举荐人才时，总会先列出他们的长处，同时也会指出他们的短处。比如凌敬这个人，他的长处是有学识，敢于纳谏；但他也有自己的短处，那就是喜欢钻营，追求享受。现在，凌敬的工作是为人撰写碑文，教人研读《汉书》，他在此基础上和人谈条件，为自己谋利，这些都是事实，但这些情况和我以前禀报给陛下的不是完全相符吗？陛下用人如果只看短处，而不用长处的话，臣等实在不能心服。”唐太宗听了之后觉得有理，就没有做出处分。

其实很多管理者也经常犯类似的错误，当他们发现下属有不适当的言行时，总是当即做出判断并且进行批评指责，而不去深入地了解事实的来龙去脉，去做综合性权衡考虑。这种现象的背后就是他们对下属的期望值过高，于是对员工求全责备，不能够容忍他们犯哪怕是一星半点的错误，否则就会感到非常失望。

胜任的管理者在带领下属工作时，应该充分认识到每一个员工都是有其短处的，自己不能只是盯住他们的短处不放，求全责备，而是应将着眼点放在如何去发挥下属的长处上，这样才能带出有胜任力的员工队伍。

3. 合理的期望，合理的任务

管理者对下属有所期待是没有错的，但在为下属分配相应的工作任务时，应坚持以下两个原则：

其一，任务应当是可以完成的。那些对下属期望过高的领导，往往会为员工安排一些高难度的工作，但最后员工由于能力所限，根本无法完成。这样一来，不仅会浪费员工的时间、降低工作效率，同时也会在很大程度上打击员工的工作积极性。

其二，工作任务应该具有一定的挑战性和激励性，也就是任务定位应该立足于员工的能力，同时又稍稍高出他们目前的能力，需要他们付出一定的努力才能完成任务，这样才能激励员工不断发展和提高自己。

为员工做好了相应的工作安排后，还应制定一份切实可行的行动计划。行动计划的内容包括通过什么样的途径来发展和提高自己的知识和技能。当然，发展和提高技能的方法是多种多样的，主要途径有自我学习、系统培训、短期培训、岗位轮换、终身教育等。

管理者的胜任之道其实就在于管理，如果“管理”不对路，就是本身的胜任力不强，需要提高。

充分利用好激励杠杆

员工不胜任，管理者有责任，这其中很大一部分责任是由于管理者不善于利用激励杠杆，因而也在无形中抹杀了一些员工的胜任力。

“当我们想改变别人的时候，为什么不用赞美来代替责备呢?”这是戴尔·卡耐基的名言。管理者一定要谨记，人人都渴望掌声与赞美，哪怕只是一句简单的赞语，都会给你的员工带来无比的温馨与振奋。有位管理专家曾经说过：“人都是活在掌声中的。当下属被上司肯定、受到嘉奖的时候，他才会更加卖力地工作。”纵然下属只有一点点的进步，管理者也应该赞美他，因为这样才能激励他不断改进。

美国知名管理咨询公司盖洛普甚至还提出，检验一个管理者是否称职的一个重要标准就是，最近七天内是否每一个员工都受到了来自管理者的赞美。

不错，员工需要鼓励、需要赞美、需要激励，不论他们是正处于通往提升胜任力的途中，还是最终能成为胜任典范，都需要上级的合理激励。否则，他们就会滋生失望、怠惰、对抗、不思进取、应付差事等情绪，导致胜任力下降。

管理专家弗朗西斯认为："你可以买到一个人的时间，你可以雇一个人到固定的工作岗位，你可以买到按时或按日计算的技术操作，但你买不到热情，你买不到创造性，你买不到全身心的投入，你不得不设法争取这些。"

有一项调查显示，有73%的员工表示，他们受到的激励比过去更少；有84%的员工认为，只要他们愿意，还可以得到更显著的成绩；最让人吃惊的是，其中居然50%的员工说，他们只付出了为保住职位所需要的那点努力。

由此可见，强劲的工作动力和工作热忱不是人人都有的。

那么，如何才能争取到员工的热情、创造性和全身心的投入，让他们变得更有胜任力呢？答案很简单，那就是激励。

1968年，美国著名心理学家罗森塔尔和助手从一所小学挑选了几个班级，宣称他们要进行一项"发展测验"。实验完毕之后，罗森塔尔将那些有良好发展前景的学生名单通知了学校的有关老师，并且非常认真地说："经过科学测定，这18名学生全都是高智商人才，将来成就不可限量。"

8个月后，罗森塔尔又来到这所学校进行复试，结果发现名单上的那18学生的成绩都有了显著进步，而且他们的心态变得更加积极、性格更为开朗，求知欲也变强了，敢于发表意见，与教师的关系也相处得特别融洽。再后来，这18人竟然全都在各自的岗位上干出了非凡的成绩。

这一令人惊叹不已的实验，后来被誉为“皮格马利翁效应”。这一效应还曾被人形象地总结为：“上联：说你行，你就行，不行也行；下联：说不行，就不行，行也不行；横批：不‘扶’不行。”

它带给我们的启示在于：赞美、信任和期待具有一种能量，它能改变人的行为。当人获得另一个人的赞美、认可时，他便会感觉获得了社会支持，从而增强对自我价值的认可，变得自信、自尊，获得一种积极向上的动力，并会尽力达到对方的期待，以避免对方失望，从而维持这种社会支持的连续性。

如果把上面的学生换成是你的员工，那么，同样的道理，你的赞美与激励会让他们更积极主动、更自信，进而能够在最大限度上释放出自己的胜任力，让自己变得更优秀，也更加胜任。

赞美是激励的一种，但可供中基层管理者使用的激励措施却不止这一种，比如：

1. 认可员工的工作

杰克·韦尔奇说：“我的经营理论就是让每个人都能感觉到自己的贡献，这种贡献是看得见、摸得着、数得清的。”当员工完成了某项工作时，最渴望得到的就是上司的认可，上司的认可就是对其工作成绩的最大肯定与激励。千万不要对员工的优秀视而不见，那会挫伤他们的积极性。

需要注意的是，对于认可员工这一激励手段，你应该“好钢用在刀刃上”，不要用得太多太频繁，否则其激励效果将会大打折扣，而如果只在某些特殊场合使用的话，价值就会增加。具体可采取发邮件、打私人电话或是在公开场合对员工取得的成绩表示祝贺和赞赏。

有一次，一位职业经理人正在和客户探讨问题，突然，有一个员工敲门进来，他兴奋地对经理说：“告诉你一个好消息，我跟踪了很长时间的那个客户今天终于同意和我们签约了，而且订单金额会比我们预期的高出30%，这将是我这个季度签到的最大订单。”谁知，那位经理却对那名报喜的员工反应极其冷淡：“是吗？告诉我今天为何迟到了？”员工说：“路上堵车，耽误了一些时间。”经理依然不依不饶，又批评道：“迟到还找理由，都像你这样的话，公司还怎么管理！”员工垂头丧气地回答：“那我今后多加注意。”说完，一脸沮丧的员工耷拉着头离开了经理办公室。

本来想得到经理认可的员工，反而被批评了一通，结果致使其工作积极性和个人情绪受到了严重打击。所以如果你想成为一个高明的管理者，一定要避免这种情况的出现。实际上，管理人员对员工进行语言上的认可，或通过一些积极的表情传递，都可以满足员工的被重视、被认可的需求，进而能够收到激励的效果，而且这些都是举手之劳。

2. 形成一种良性竞争机制

卡耐基在其《人性的弱点》一书中讲了这样一个小故事：磨坊的工人没完成生产任务，经理请来的激励大师施瓦普问磨坊经理："为什么磨坊产量没有达到计划的数量呢？"

磨坊经理说："我也弄不明白是怎么回事，为了提高工人们的工作效率，我采取过各种措施，激励他们，批评他们，甚至于威胁他们，但都无济于事。"

看着夜班就要开始，施瓦普找来一支粉笔，然后他转过身去问一名即将下班的工人："你们这一班，今天磨了多少轮？"

"6 轮。"那名工人回答道。

施瓦普于是在地板上写个"6"字就走开了。来上班的夜班工人看到了那个"6"字，并从工友处了解了其中的含义。

第二天一早，施瓦普再一次走过磨坊时，发现地上的那个"6"字已经变成了一个"7"字，原来这是夜班工人的工作量。而当日班工人来报到时，显然也看见地板上那个"7"字并明白了其中的意思。于是，一种竞赛的心理开始在他们中间弥散开来，他们决心要给夜班工人一点厉害看，于是都很卖力地干，直到下班时写下一个"10"字，才离开。

不久，这个原本生产量远远落后于计划产量的磨坊在整个面粉行业中的业绩就名列前茅了。后来，施瓦普总结说："要做事就要竞争，我说的竞争并不是为了钱，而是一种超越的欲望。"

激励大师使用的这一竞争激励法，可以说是经久不衰，至今仍对管理者有着极强的借鉴意义。在部门内部形成一种竞争机制，不仅可以促进员工绩效的上升，更重要的是，这种方法有助于保持一种积极向上的环境，鼓励所有人都去追求卓越。

3. 巧用目标激励法

目标激励，是指用确定的、具有实际意义的、符合员工切身利益的、科学可行的目标，也就是通过努力能够实现的目标，来激发员工的动力，使他们产生旺盛的奋斗精神和执行力。

心理学家的研究表明，目的性行为的效率要明显高于非目的性行为的效率。因为当人们拥有了明确的目标后，就有了奋斗的方向，就会为达到目标而努力。运用目标激励法来激励员工，关键是要设定好目标。一般说来，目标的设置，要注意以下几点：

第一，目标要高低适宜。目标太高，会挫伤员工的积极性，会让他们感到再努力也无法达成；目标太低、太容易达成的话，又会让员工感觉没有难度，没有挑战性，而提不起兴趣。所以，只有高低适宜、难度适宜的目标才是最合适的，才能最大限度地调动员工的积极性。

第二，目标的设置要总分结合。总目标，是为了让员工感觉到工作的长远意义，正因为如此，总目标的实现通常是一个长期的、复杂的过程，所以，仅设置总目标是不够的，它尽管能让人热血沸腾，但同时也会让员工感到遥远和渺茫，可望而不可即，甚至会影响到员工工作积极性的充分发挥。因此，在设置总目标的同时，也应该适当设置一些更容易实现的阶段性目标，并通过逐个实现这些阶段性目标，来达到总目标的实现。

第三，目标的设置要实在、具体。目标有大小、长远之分，但不论何种目标，都不能是虚无缥缈的，而必须是具体的、实实在在的。只有具体的目标，才能使员工相信能够达成；也只有具体的目标，才能对员工产生吸引力。

第四，目标要分阶段展开。再宏伟的目标也要分成若干个小的目标去实现，这样才能更适合于基层员工，让他们看到目标的可实现性。

古时候，有一位名叫纪昌的人慕名拜射箭能手飞卫为师。飞卫答应收纪昌为徒后，并没有教授给他具体的射箭技巧，而是先让他练眼力，具体要求是长期盯住目标不眨眼。这样经过两年的苦练，纪昌就达到了一种即使锥子刺到眼眶他也可以不眨眼的境界。接着，师父提出了新的要求，他让纪昌的眼力能够练到看小的东西就像看到大的一样，看隐约模糊的东西像看清晰明了的东西一样。

于是，纪昌又苦练三年，终于能将很小的沙石也能看成车轮一般大小。这样一来，一张开弓，他就轻而易举地一箭将一只沙石射穿了。飞卫得知了这一结果后，高兴地跳了起来，由衷地祝贺纪昌学箭成功。师父的认可，让纪昌很开心，并暗下决心向更高的境界挑战。

在这个典故中，纪昌之所以能够学箭成功，其关键性的原因在于他打下了坚固的基础——前期刻苦练眼力的功夫，这一点反映在中基层激励上的道理就是，管理者在对员工进行激励时，还应建立在相应的基础之上，那就是不可放松对员工基本工作、胜任能力的培养与督促，如果不顾员工是否具备了胜任工作的基本能力，而只是幻想仅仅通过激励就能够让员工变成胜任典范，那就有点一厢情愿了，同时也不现实。

“松紧有度”是带人之法

《礼记·杂记下》中有这样一番对话：子贡随老师孔子去参加祭礼，孔子问子贡说：“赐(子贡的名字)也乐乎？”子贡答道：“一国之人皆若狂，赐未知其乐也。”孔子说：“张而不弛，文武不能也；弛而不张，文武弗为也；一张一弛，文武之道也。”

孔子所言的“文武”指善于治国的周文王、周武王，孔子的话的意思是说：始终让弓弦处于拉紧状态而不松弛一下，这就连周文王、周武王也无法办到；相反，如果让弓一直松弛而不紧张，那么，就连周文王、周武王也不愿这样做；只有有时紧张，有时放松，劳逸结合，宽严相济，才是周文王、周武王的治国之道。

“文武之道，一张一弛”，意思是说要治理好国家，就要让人民劳逸结合，让生产、生活有节奏地进行。这句话现用来比喻生活的松紧和工作的劳逸要合理安排。

老子也有句名言：“治大国如烹小鲜。”意思是治理泱泱之国就像烹制小鱼，需要掌握好火候，和孔子所言的“文武之道，一张一弛”有着异曲同工之妙。

治理国家如此，治理企业也同理，管理者带队伍、管理自己的下属也是如此。松紧有度的管理者才能带出一支具有胜任力的队伍，过松或过紧的管理，都不利于员工的成长，不利于他们个人潜力的充分发挥。

称职的管理者通常实施的是松紧有度的管理方式。“松”是指对管理控制的淡化，给员工一个相对宽松的工作环境、创新环境。“紧”是指紧密结合每一位下属的具体情况进行实效管理，其目的是让每一位员工都在内心深处意识到自己工作的重要性，意识到自己对团队发展的重要性，然后努力去工作。

称职的管理者在原则问题上是不会有丝毫让步的，下属如果触犯制度的“高压线”，如经常迟到、背后议论别人、不注重形象、不恰当的肢体语言、不尊重他人、贬低他人、工作中处理私事、不守承诺、撒谎等等，他们就要举起“惩罚”的“大棒”。

管理者实施惩罚的时候，必须具有领导责任感，同时做到不留后患，一步到位。如果管理者做不到这一点的话，会给自己的工作带来很大的问题和麻烦。

战后的很多日本公司一度对部下非常友善，于是就出现了很多不愿意惩罚犯错员工或惩罚员工不够彻底的情况，结果事与愿违。所以，惩罚措施如果用，一定要决断彻底，毫不留情。

不过，在行使了彻底的处罚之后，一些高明的管理者还会通过谈心或疏导的方式对员工进行教育，这样，既能让下属感到制度的不可违，同时还能感觉到上级的出发点是好的，通过上级的开导，犯错的员工能打开心结，而不会自暴自弃。这就是“内紧外松”式管理的好处。

高明的领导者善于通过“松紧有度”的管理方法，让员工树立团队观念，增强凝聚力，提高工作效率，树立自己的威严，并在下属心目中建立一个明确的概念，即他们该怎样做一个好的下属。

管理者想要做到松紧有度的管理，是有方法的：

1. 善于引导、纠正员工的错误

“松紧有度”的管理，表现在管理者善于引导下属认识自己工作中的不足，然后予以纠正，使下属心服口服，更加努力地工作，而不采用简单粗暴的方式。

华纳梅克是费城一家百货商店的经理。一天，他到商店去巡视，发现有一位顾客在柜台前站了很长时间，却一直没有店员主动走上去为顾客服务，更让人气愤的是，那些店员竟然都聚在一起聊天说笑，把顾客丢在了一边。

华纳梅克看到这种情况后，并没有当即斥责店员，而是悄悄地走进柜台，热情接待了那位顾客，还默不作声地把顾客要买的东西交给了售货员去包装，然后离开商店。那些只顾自己说笑的店员看到了他们的经理所做的一切，无不感到十分愧疚。事后，他们都去主动找经理承认错误，并发誓以后会改正。这位管理者几乎什么话也没说，只是通过自己的行动给员工上了一课，因为他在提醒店员错误的同时，使得他们保住了"面子"，而他们也认识到错误，此后把自己的工作做得更好。

其实，通过合适的举措，可以让下属认识到自己的错误。但如果管理者只会采取生硬粗暴的做法，不能让下属从内心深处体察自己错误的危害，下属也不会去用心改正。

2. 将权力转化为权威

清太祖努尔哈赤曾说过一番意味深长的话："一个统帅，他最大的威胁，不是战场上对面的敌人，而是身后的将领和千军万马。"这句话是所有中基层管理者都应该去仔细咀嚼并在实际工作中时刻牢记的至理名言。

努尔哈赤所担心的并非他的权力不够大，恰恰相反，他的权力已经达到了巅峰，他开始担心自己的权力太大了，因为他此时已拥有足够的权力，可以处置任何人，但他当时所做的事，目的就是为了带领手下人冲向一个又一个的目标，并成功地达成自己心中的愿景。

因此，在这种情况下他最关心的就是，身后这支队伍能不能坚定地跟自己冲锋陷阵，会不会不受指挥，甚至反戈一击，背后对他下黑手。而且，对于领导者来说，他的权力(注意不是权威)越大，他对于下属倒戈的担心演化成事实的可能性也就越大。归根结底，努尔哈赤是在担心已经最大化的权力不能给他带来最大化的权威。

如果从经济学的视角看，这也是一种权力资源配置的低效率。权威就像是权力的边际产品，管理者应该考虑的是，如何才能使这种边际产品的收益递增而非停滞甚至递减。这其中的关键在于管理者如何运用手中的权力，让权力转化为权威。

将权力转化为权威，也是当今的管理者必须面对的一个重大课题。在我国的传统管理文化中，讲究“势”而非“力”。“力”源于“权”，是个管理者都会用。而“势”则来源于“威”，是不断积累起来的，“蓄势”是为了在管理上有所作为，因此，权威的真谛也在于“蓄势”而不是“行权”。

懂得将权力转化为权威，管理者才能真正理解“松紧有度”的管理方式的真谛。

3. 对员工要“扶而不压”

一些管理者对一般的人才可以任而用之，可对那些才高八斗、学富五车尤其是那些超过自己的员工却容忍不了，通常会认为这样的员工构成了对自己权力和地位的威胁。于是，嫉妒之心便油然而生，接着便去想方设法压制那些出类拔萃的员工。殊不知，这是一种胸怀狭隘的做法。因为真正的优秀人才必将脱颖而出，这是任何人也压制不住的。而那些高明的管理者，对于优秀的员工是求之不得的，俗话说“强将手下无弱兵”，如果在自己的员工中出现一些拔尖人才，这对管理者来说其实是一种莫大的荣耀。

优秀员工、有胜任力的员工才是企业发展前进的动力。

带队伍要让员工心服口服

俗话说得好："火车跑得快，全靠车头带。"一个部门、一个团队如果没有一个好的管理者，缺乏一个好的带头人，那这个团队的工作是很难顺利展开的。只有一个自身素质良好、领导水平高且能够胜任管理工作的管理者，才能带出一支好的员工队伍，才能将部门、团队工作打理得井井有条。

在一些关于解放战争题材的电视剧中，我们经常可以听到这样两句经典台词："跟我冲"(共产党军队一线指挥官的用词)和"给我冲"(国民党军队一线指挥官的用词)，一字之差，反映出来的却是两种完全不同的指挥、领导境界，也是两种截然相反的带队伍方式。

那么，奉行这两种带队伍方式的军官，究竟谁更胜任呢？

笔者认为，当然是共产党的指挥官更加胜任。

冲在最前面危险系数最高，这个简单的道理谁都知道，国民党指挥官的“给我冲”可以先保全自己。但是，让士兵冲在最前面，长官却跟在后面拿枪督战，士兵必然会产生逆反心理，甚至不愿往前冲。因此也就出现了在冲锋时，士兵磨蹭着不肯向前，而长官在后用枪逼着士兵冲锋的场面。

“跟我冲”意味着什么？战场上冲锋陷阵风险极大，必然会死人，而冲在最前面的危险系数又最大，自然最先战死的可能性也最大。共产党指挥官不怕死，总是冲在最前面，这样一来，即使队伍里面那些最没战斗经验、最恐惧的战士，在这样的指挥官带领下也会忘却害怕，变得英勇无畏，奋不顾身冲向前面。在他们的心目中，长官的身体已经不是肉体，那是用英勇精神组成的个体，这种精神赋予了其他士兵力量，鼓足了其他士兵的勇气，士兵不会由于感到害怕而退却。

这种“跟我冲”的带队伍方式，会极大地震撼士兵，也会征服他们，因此，整支队伍在指挥官的带领下，会变得士气大振、一往无前、战无不胜、威慑四方。

对于当今的中基层管理者来说也是一样，应该通过自己带头冲去“征服”员工，进而将他们凝结成一股最强大的力量、一个无坚不摧的团队，去争取最辉煌的业绩。

1. 具备良好的个人修养，把握好管理的“方”与“圆”

“方”是指独立的人格、正直的灵魂，是人的立世之本。在“方”的问题上，管理者真正达到“方”得有理，“方”得有志，要胸怀大义，在原则问题上，不左右逢源，随波逐流；面对错误行为、不良倾向，要敢于挺身而出，做一个正直的人。

“圆”不是圆滑，不是世故，而是一种高超的处世艺术。“圆”要做到张弛有度，把握好分寸；“圆”倡导的是一种豁达、大度、宽厚、善解人意的人生态度。管理者在工作中，要善于控制自己的情感，掌握好自己的意志，以开阔的心胸处事，并把“方圆”作为管理工作甚至是人生修养的一个标尺，通过“方”与“圆”的有机结合构建和谐的人际关系和理想的管理状态。

管理者就要有管理者的风范与修养，从个人修养方面笔者认为应该做到以下几点：

第一，要以德待人。既要善待、尊重每一名员工，同时也要关心员工的生活，并致力于为下属营造一个好的工作环境，让部门、团队中的员工能够关系融洽、和谐相处。因为只有良好的工作氛围才能激发起员工爱岗敬业的热情，才能赢得大家发自内心的尊重。我们常说“爱岗如爱家”，就是要让员工把公司当成大家庭，让他们有一种强烈的归属感。要做到这一切，管理者就要在自己的职责范围内把关心爱护员工的工作落到实处，落到细处。

第二，要以理教人。在教育员工时，要尽量避免空洞的说教，在解决员工的思想问题的同时，不要忽略对员工实际困难的解决，这样，才能免去他们的后顾之忧，使他们心情舒畅地做好自己的工作，胜任自己的工作。

第三，要以身感人。也就是以身作则，做好表率。尤其对于直接接触员工的中基层管理人员来说，更要做好示范，把对员工的要求首先当作是对自己的要求，严于律己、宽以待人，这样才能在员工中树立起自己的威信和良好的榜样。

第四，要以威服人。领导者的权威不是依靠权力打压换来的，而是通过公开、公平、公正的管理实践铸就的。要做到以威服人，就要处处为部门、团队利益着想，时时为员工着想，不自私自利，不贪小便宜。另外，管理者的思想境界、处事能力要力求高于一般员工，这样才能让人信服你。要学会做一个甘于奉献、不张扬、关键时刻能够挺身而出的领导者。

第五，尊重下属，平等待人。在现实中，总有那么一些人，一旦当上领导后，就觉得自己了不得，似乎身份、地位都高人一等。这样的管理者显然是难以让员工信服的。

作为一名管理者，一定要保持清醒的头脑，工作上你可以严格要求，指挥、指导下属做好工作，但工作之外就应该以一种平等心态对待你的下属。绝不能工作之外也把别人当下属，呼来喝去地使唤。

2. 保持自己的专业技能优势，才能让员工心服口服

没有人会佩服那些工作能力平庸的管理者，哪怕他在别的方面再出色。管理者之所以能够成为管理者，在于他相对于普通员工，有着自己的“拿手绝活”，有着自己的专业优势，否则的话，也难以让下属信服。而拥有专业优势，是管理者胜任的一个最基本要求。

20世纪初，美国福特汽车公司处于高速发展的黄金时期，生产线上的每一辆汽车，都有买主在等待。

然而有一天，福特生产车间的一台电机突然出了故障，汽车生产工作被迫停了下来。停产就意味着巨大的经济损失，福特公司为了解决电机故障，决定花重金去请著名的物理学家、电机专家斯坦门茨前来解决问题。

斯坦门茨径直用粉笔在电机外壳画了一条线，要求工厂工作人员减少标记处的线圈，结果问题一下就解决了，生产得以立刻恢复。

为此，斯坦门茨要求福特公司给他1万美金，这在当时是很多钱，但福特公司认为斯坦门茨条线画的那条线挽救了公司，就支付了1万美金。

可以说，斯坦门茨所展示出来的就是专业的力量，专家的力量，让人们不得不去佩服，如果一名管理者能够做到专业第一，那自然会得到员工的信服。

所以，要做一名有胜任力的管理者，就要保持好自己的专业技能优势，并以此来赢得下属的信服，更好地去指导下属的工作，这些专业技能主要包括：

(1)技术技能优势。

它是指正确地掌握了从事一项工作所需的技术和方法。它包括三个方面的内容：

第一，掌握专业技术，如制造车间经理必须懂得各种机器设备的操作技术，人事测评中心主管必须懂得人员功能的测评技术。

第二，掌握工作方法和程序，如办公室主任必须懂得收文和发文程序，市场部经理应该掌握各种营销方法。

第三，熟悉工作制度和政策，如财务部经理必须懂得会计制度和财务规定，人事部主管应该熟悉人事制度和人事政策。

其中，多数技术技能可以在学校教育和职培训中获得，但只有通过工作实践才能提高技术技能的熟练程度。

(2)人事技能优势。

它是指在工作中与人打交道的技能。它包括三个方面的内容：

第一，处理人际关系的技能(主要指协调技能和沟通技能)。一般来说，中基层管理者处于组织结构的中间位置上，与上(上级)、下(下级)、左右(平级)的人发生着联系，有时还要与部门外部的人发生联系(尤其是高层管理者)。因此，娴熟地运用人事技能处理与这些人的关系，建立起相互的信任和真诚的合作态度，管理工作才会事半功倍。

第二，识人用人的技能。管理就是通过他人的努力达成组织的目标，因此管理者必须深入地了解他人，用人所长，避人所短，而要做到这些，就必须有一套高超的识人用人技能。

第三，评价激励技能。一般而言，部门员工的工作积极性和创造性不会自发产生，需要主管人员激发，因此管理者应该掌握现代评价和激励方法，以便客观公正地评价他人并给予激励。人事技能可以在学校教育和管理实践中获得。

(3)决策技能优势。

决策技能是指对事物的洞察、判断和概括能力。它最难以表述，但却是最重要的。它包括三个方面的内容：

第一，预测能力。组织及其环境处于不断的变动中，管理者应密切注意部门内部各部分的相互作用以及组织与环境的互动关系，预测各种因素在当前的微妙变化将对部门未来的发展构成哪些可能的影响。

第二，判断能力。部门经常会出现一些意想不到的问题，造成混乱的局面。管理者需要敏捷地从混乱而复杂的局面中辨别各种因素的相互作用，迅速地判断问题的实质，以便采取对策。

第三，概括能力。主要是指管理人员从纷繁复杂的信息中提取对本部门全局和战略有重要影响的关键信息，并对其进行分析、总结的能力。勤于思考、善于学习、总结经验，是获得此项技能的最佳途径。

各种研究结果表明，出色的决策技能可使主管人员做出更好的决策。相对来说，管理者所处管理层次越高，对其决策技能的要求就越高，所以，决策技能对高层主管来说尤为重要。基层主管也应具备一定的决策技能，否则就难以准确地理解和有效地贯彻执行高层的决策。

3. 能够抓住工作重点，体现管理者的价值

作为管理者，自己的价值究竟体现在哪里呢？并不一定要去事必躬亲，最关键的是带好员工队伍，让他们的潜力都发挥出来。管理者的价值更多应体现在对员工价值的提升上。因此，要善于发现员工工作中的不足，并帮助员工进行分析，提出改进建议。

一个优秀的管理者，要将团队的价值最大限度地发挥出来，实现1+1>2 的效果，但如何把团队成员拧成一股绳，提高整个团队的凝聚力和战斗力，让每个员工都愿意为团队的进步贡献力量，让每个员工都能在团队中实现成长，是每个管理者需要认真思考的问题，也是每个管理者带队伍的核心价值所在，以及是否胜任的关键所在。

管理要“因人而异，因地制宜”

俗话说“花有几样红”，在一个团队中，总会有不同类型的员工：有的认真负责，有的敷衍了事；有的积极上进，有的不思进取；有的朝气蓬勃，有的暮气沉沉；有的开朗活泼，有的沉默寡言……管理者对他们要采用分类管理的方法，如果忽略了员工个体上的差异，去进行“一刀切”式的管理，只会降低他们的胜任力。

管理，简而言之，其实就是“管人”。“管人”没有固定的方法，要因人而异，管理者面对不同的员工，管理方法也就不同。

管理就像流水一样，常流长存，静止则死。“常流”的一个关键在于对员工进行分类管理，管理要因人、因阶段而异。

1. 分类管理和“一视同仁”可以并行

提到分类管理，有些管理者或许会问：“现在不都是提倡要对员工一视同仁吗？对他们进行分类管理，岂不违背了这一初衷？”

其实，管理者完全不必有这种担心，因为“一视同仁”和“分类管理”本来就是两个层面上的问题，他们可以并行不悖。

一视同仁，是就制度层面而言的，它表现在以下几个方面：

首先，制度的制定不会考虑人的差异；

其次，一旦制度颁布，就必须具有企业的“法律效力”，必须强制执行，在制度面前人人平等；

再者，员工如有违反，无论是谁都要给予处罚。

所以，一视同仁是企业制度管理层面的一条法则。而因人而异，则是就管理的操作层面而言。各级管理人员，在执行具体管理任务时，应该因人而异，采取各种不同的有效方法，达到管理的目的。

比如同样是批评员工，既可以采取公开的方式，也可以在私下进行。具体情况要具体分析，要做到因人、因事而异。同样，奖励也有很多种方法，既要有物质奖励，也要有精神奖励，具体采取什么方法，也要因人而异。因为因人而异才能突出效果，达到管理的目的。

胜任的管理者，就是在实践中既能够坚持一视同仁，又能够坚持因人而异，刚柔相济，相得益彰。

2. 宽严要适当

在日本江户幕府时代，备前冈山的藩主池田光政曾说过这样一段话：“一位当政者，要想治理好一个国家，必须做到德威兼备，宽严适宜。如果只懂得施惠，而没有威严，国民就会像一群在溺爱中成长的孩子一样不听教诲，将来便不会成为有用的人；相反，如果对任何事、任何人都采取严厉的态度，这样或许能使人在表面上遵从，但绝不能使人心服，接下来的工作也就很难顺利进行了。所以一定要有公平的赏罚，施恩于人，如此才是真正的领导威严。没有恩只有威是没有效果的；而没有威，只有恩也不会发生积极的效力。但这样做的前提是要了解百姓的想法，如果无法做到，即使恩威并施，也不会真正发挥积极的效用。"

这是一段至理名言，作为管理者一定要去仔细品味。威是严格、责备，恩是温和、奖励。身为一个管理者，对于恩、威要能配合运用好。

对一个组织和团体来说，如果缺乏严格的管理，而一味温和相待的话，那么就很容易将员工惯坏，他们会变得没有分寸，没有规矩；但如果管理过分严格，就会导致员工的心理畏缩，表面顺从，背后对抗，对工作没有自主性和开创性，也缺乏兴趣。如此一来，不仅员工的潜力不能得到有效地发挥，整个部门也将会死气沉沉。

管理者对员工做到宽严得宜，恩威并用，才会事半功倍。

3. 应用"波士顿矩阵"分类管理法

"波士顿矩阵"是一种得到广泛运用的战略管理工具，它有助于管理者建立资源分配决策的优先目标。在管理学界，有学者还从这一视角出发开发出了员工管理的"波士顿矩阵"，而借助"波士顿矩阵"，可将企业的所有员工分为以下四类：“明星类”员工、“问号类”员工、“金牛类”员工和“瘦狗类”员工。

第一，“明星类”员工：贡献大、控制力强，包括技术研发人员和市场开发人员等。

第二，“问号类”员工：贡献大、控制力弱，比如那些战略部门的员工。

第三，“金牛类”员工：贡献小、控制力强，比如公司的秘书、办事员、行政服务人员、车间操作工等从事事务性工作的员工。

第四，“瘦狗类”员工：贡献小、控制力弱，比如那些由于外包业务形成的后勤人员、保洁员等。

根据以上分类，管理者可以对每一类员工施以不同的管理措施：

第一，对于“明星类”员工，要为他们提供富有挑战性的工作，创造良好的工作环境，建立公平合理的薪酬制度以及顺畅的晋升制度，这样才能提高他们的工作满意度和忠诚度，提高他们的主人翁意识；

第二，对于“问号类”员工，同样要给他们提供良好的工作环境，给他们更多的信任，在必要的情况下要为他们提供更多的帮助与支持，比如为他们提供培训机会，提供沟通、交流的平台等；

第三，对于“金牛类”员工，要把他们视为“内部顾客”，既然是顾客，那么就要想方设法通过各种措施去让他们满意；

第四，对于“瘦狗类”员工，可以通过市场机制和规范的合同来进行管理。

4.“因人而异，因地制宜”的情景管理法

所谓情景管理法，就是在带员工和团队时，不能采用一成不变的管理方法，而要视情况和环境的改变及员工的不同改变自己的领导和管理方式。其核心就是要——因人而异，因地制宜。这种情景管理法可以具体到每一个员工身上，根据赫塞博士的观点，员工的成长过程一般分为四个阶段：

第一阶段：“既没有信心，也没有能力”的阶段；

第二阶段：“有信心，但没能力”的阶段；

第三阶段：“没信心，但有能力”的阶段，

第四阶段：“既有信心，也有能力”的阶段。

通常，对于新员工，其工作状态基本上都是“既没有信心，也没有能力”，但经过管理者的指引和带领，就可以将员工带入“有信心，但没能力”的第二阶段。而当员工慢慢能胜任工作，到达一个“有信心，但没能力”的阶段时，管理者就应该考虑开始给员工安排工作了，让他独立行动。但在独自执行任务中，员工会遇到各种问题和障碍，很容易失去信心，于是他就进入了“没信心，但有能力”的第三阶段。如此反复多次，再加上上级的正确引导，最后这名员工会一步步走向成熟，当管理者判断员工到了“既有信心，又有能力”的第四阶段后，那么，就可以充分考虑授权给此员工了，因为此时员工的胜任力已经足够强了。

在上述不同阶段，显然管理者要分别采取不同的管理方式：当员工处在第一阶段时，应该采取“指引式”的管理来引导并指示员工；当员工到达第二阶段时，要重点去解释工作从并劝服员工；当员工到达第三阶段时，管理者就要发挥自己的作用了，积极帮助员工解决问题；如果员工到达了第四阶段，则要采取“授权式”管理，将工作真正交付给员工，管理者只需做监督和考察的工作就可以了。

区分具有不同才能和素质的员工

韦尔奇说："现代科学管理要求主管必须善于区分具有不同才能和素质的人。世界上只有混乱的管理，绝没有无用的人才。"在管理员工方面，他的切身体验是：

1. 不要理会别人身上的"标签"

有一次韦尔奇听朋友说他们的公司有一位"带人名将"，于是便前去访问。

此人以擅于培育人才著称，他的部门中全都是一些被贴上"劣等生"标签的人，但是这些人经过他的调教之后，大多数都能以充分的胜任力重新出发。

当时韦尔奇并没有听到这位"名将"有什么创见，不过他记得有一句话非常值得参考，那就是"我绝不理会别人身上的'标签'"。

对于这位"名将"而言，以被贴上"经常迟到"标签的人为例，他会认为一定是有什么理由让此人觉得迟到也无所谓，而针对这个理由修正部属的行为，就是他为人经理的职责所在。他人认定此人就是改不掉坏习惯的“迟到大王”，但如果什么任务都不交给他的话，会让他越来越自暴自弃。

“我让那些常迟到的人负责记录晨间经理会议的内容。这是个相当重要的会议，能参加这个会议，不论理由如何，都能给那些爱迟到的人很大的激励和鼓舞。”

他将绝不能迟到的重要工作交给经常迟到的人，借此矫正他们日常生活上的坏毛病，这人未必会因此而不迟到，但至少迟到的次数会慢慢减少，而且变得比以前更愿意接纳他人的建议。

对于那种抱怨公司政策与经理指示的“公司内部评论家”，则赋予他们一定的权限，并分配一位助理给他，然后丢下一个案子让他独立处理。这种伶牙俐齿的“评论家”若是遭到冷落，只会更增加其反抗之心，此时倒不如赋予他们重任，这样一来他们之中的大部分人都会因此重新振作起来，而剩下的那些依然一事无成的，或是仍旧不守规范的人，或许找一些适合他们的监督岗位。

2. 尽力发掘“可恶的家伙”的优点

为什么管理者必须将“朽木不可雕也”这种想法当成禁忌？因为人太容易将“朽木”的标签往他人身上贴，而不多加考量其他方面。

“朽木”，常常也就是所谓“可恶的家伙”。任何人对于不合己意的对象总是会持冷淡态度，甚至希望对方从自己的眼前消失，常会在无意间吐露出希望对方不再出现的讯息。其实，我们必须警觉自己的心态，每当我们想给某人贴上不好的标签时，都应该三思而后行。

不论哪一家公司，都有那种很快便被贴上“朽木”的标签，然后被打入“冷宫”的人才。有些人的确不得不如此对待，但有不少人却是因领导个人好恶或轻率的判断而被迫“坐冷板凳”的。

管理者绝不可轻易地将他人认定是“朽木不可雕也”，反而应该以“或许也有良材”为座右铭。管理者只要以无成见的眼光去看每一个人，就会发现再古怪的下属或许也有值得重用的能力或特点，如果怎么也发现不到，则应先检讨自己，自我反省。

3. 站在协助部属发挥潜能的立场

人才云集的公司或部门，或许都不愿意多花心思去照顾没有达到标准的人。或许很多管理者都觉得，如果自己的部门中没有那种需要指导的人，就可以把训练人的时间拿来做经营上的长远规划了。

可是放眼四周，真能符合这种条件的理想公司可说是寥寥无几，即使是一流公司，也有不少将未发掘的可造之才扫地出门的情形。

“现在的年轻人跟他们说什么都不听……”

如此抱怨的管理者相当多，但他们多半只把注意力摆在纠正下属缺点上，下属只会觉得管理者总在指责自己。管理者如果能站在协助下属发挥潜能的立场上给予建议，下属必能感受到管理者关切的心意。不论是对待年轻人还是资深员工，都是一样。因为没有这样的观念，就很难培育出优秀的人才。

老是在意下属缺点的管理者，或是不断给下属贴上“朽木”标签的管理者，必须努力尝试建立以下两种观念。

第一种是要向前文所说的“带人名将”学习，找出下属有缺点的原因，并表现出关心。第二种则是要将缺点当成优点看待，修正自己既有的观点。

比如，怎么也改不掉迟到习惯的人，一定是有什么理由让他不在乎迟到；总是对同事傲慢无礼的人，可能是公司本身混乱的组织文化影响了他的行为。管理者一定要用心探究具体情况，设法解开这些问题的症结。

其实管理者可以试着换种思维想想看。自己迟到的理由在别人耳里都是牵强任性的，但自己却总可以找出十足的借口将这些理由合理化。面对这样的情况，身为上司的你是否有可以帮助下属改进的方法呢？

千万别不仔细想就说“没有”，在断言“没有”之前，一定要为别人设身处地地想想，这正是为他人撕下标签的第一步。

对于爱讲歪理的人，我们也可把他看作是具有“理论家特质”的人；对于顽抗型的人，也可把他看作是“爱发掘问题”的人；而对于动作迟缓的人，则也可把他看作是行事稳重的人。换句话说，对于遭到负面评价的人，我们应该进行换位思考，发掘其长处，这样的用心对方一定能感受得到，也会以同样的诚恳态度向你回应。

4. 区别对待具有不同能力的员工

韦尔奇说："在制造行业，我们力图表现出自己的差别；而对人来说，差别就是一切。"

区分并不容易做到。如何找到一个方法，将一个大公司的员工区分开来，这是最难做到的事情之一。多年来，韦尔奇使用了各种各样的钟形曲线和框图来区分人们的才能，这都是些用来给人们的成绩和潜力划分等级(高、中、低)的图表。韦尔奇还试着使用"360 度评估"，也就是把同级和下级员工的意见都考虑进来。

头几年里这一评估系统的确帮助韦尔奇找出了那些"害群之马"。不过，时间一长，这一办法就开始失去作用了。人们开始互相之间说好话，因而每个人都能得到很好的评级，大家相安无事。后来，韦尔奇只在很特殊的场合下才使用"360 度评估"。

随后，韦尔奇发现了一种他称之为"活力曲线"的方法。每年，韦尔奇都要求每一家 GE 公司为他们所有的高层管理人员分类排序，其基本构想就是让每个分公司的领导对他们领导的团队进行区分。这种区分必须表现为：在他们的组织中，他们认为哪些人是属于最好的 20%，哪些是属于中间大头的 70%，哪些人是属于最差的 10%。如果他们的管理团队有 20 个人，那么就要知道，最好的四个和最差的两个各是谁——包括姓名、职位和薪金待遇。表现最差的员工通常会被辞退。

韦尔奇把员工分为 A、B、C 三类。

A 类是指这样一些人：他们激情满怀、勇于任事、思想开阔、富有远见。他们不仅自身充满活力，而且有能力带动自己周围的人。他们能提高企业的生产效率，同时还使企业经营充满活力。他们拥有韦尔奇所说的“GE 领导能力的四个 E”：有很强的精力(Energy)；能够激励(Energize)别人实现共同的目标；有决断力(Edge)，能够对是与非的问题做出坚决的回答和处理；最后，能坚持不懈地实施(Execute)并实现他们的计划。

韦尔奇指出：“四个 E 是与一个 P(激情，Passion)相联系的。”

激情也许是比其他任何因素都更为重要的因素。是这种激情将 A 类员工和 B 类员工区别开来。B 类员工是公司的主体，也是业务经营成败的关键。GE 公司投入了大量的精力来提高 B 类员工的水平。管理者希望他们每天都能思考一下为什么他们没有成为 A 类，管理者的工作就是帮助他们进入 A 类。

C 类员工是指那些不能胜任自己工作的人。他们更多地是打击别人，而不是激励；是使目标落空，而不是使目标实现。管理者不能在他们身上浪费时间，尽管要花费资源把他们安置到其他地方去。

“活力曲线”是韦尔奇区分 A 类、B 类和 C 类员工的动态方法。

"活力曲线"需要奖励制度来支持，包括提高工资、股票期权以及职务晋升。

A 类员工得到的奖励应当是 B 类的两到三倍。对 B 类员工，每年也要确认他们的贡献，并提高工资。至于 C 类，则必须是什么奖励也得不到。每一次评比之后，公司会给予 A 类员工大量的股票期权。大约 60%到 70%的 B 类员工也会得到股票期权，尽管并不是每一个 B 类员工都能得到这种奖励。

每一次在 GE 公司决定增加工资、分发股票期权或者提升职衔的时候，"活力曲线"都是管理者的行动指南。每一个人所得奖励的基本依据就是自己在这条曲线上的位置。

韦尔奇认为，失去 A 类员工是一种罪过，一定要热爱他们，关心他们，尽量不要失去他们。

拥有 A 类员工是一种管理业绩，确认和奖励中间 70%里的有价值员工也没什么困难。但是后来，韦尔奇发现，处理底部的 10%的员工却要艰难得多。新上任的中层管理者第一次确定最差的员工，没有什么太大的麻烦。第二年，事情就困难得多了。第三年，则成了一场战争。

到了那时，那些明显最差的员工已经离开了这个团队，很多中层管理者开始不愿把任何人放到 C 类里去。他们已经喜欢上了团队里的每一个人。到第三年，假如说他们团队有 30 人的话，对于底部的

10%，他们经常是连一个都确定不出来，更别说三个人了。

此时，中层管理者会想出各种各样的花招来避免确定这底部最差的10%。有时候，他们把那些当年就要退休或者其他已经被告知要离开公司的人放进来。有些中层管理者甚至干脆把那些已经辞职的人列在最差员工的名单里。在一次检查中，韦尔奇发现，有一家分公司手法更"高明"，可谓是"登峰造极"之举，他们把一位在开会前两个多月就已经去世的员工确定为底部的10%。

这是一项很艰难的工作，没有哪个领导愿意做这种痛苦的决定。

有些人认为，把员工中底部的10%清除出去是残酷或者野蛮的行径。但在韦尔奇看来，事情并非如此，而且恰恰相反。让一个人待在一个他不能成长和进步的环境里才是真正的野蛮行径或者"假慈悲"。韦尔奇认为，先让一个人等着，什么也不说，直到最后出了事，实在不行了，不得不说了，这时候才告诉人家："你走吧，这地方不适合你。"而此时他的工作选择机会已经很有限了，而且还要供养孩子上学，还要支付大额的住房按揭贷款，这才是真正的残酷。

当然，如果员工团结协作，努力工作，那么，10%确实会成为"一纸空谈"。

责任落实是最具胜任力的表现

吉埃斯是一名美国记者，有一次她来到日本东京，在一家商店买了一台唱片机，服务热情、面带微笑的售货员特地为她挑选了一台尚未启封的机子。然而当吉埃斯返回住处，拆开包装试用时，却发现机子没装内部机件，根本无法使用。吉埃斯不由得火冒三丈，决定第二天一早再去商店交涉，并在一怒之下，迅速写了一篇新闻稿《笑脸背后的真面目》。

第二天一早，吉埃斯刚起床，一辆汽车就赶到她下榻的酒店，从车上迅速下来的是那家商店的总经理和拎着皮箱的职员。他俩一走进客厅就连连向吉埃斯道歉，吉埃斯感觉非常惊讶，因为对方居然能找到她的住处。对于吉埃斯的这种疑惑，那位职员打开了记事簿，并向她讲述了大致的经过。

原来，商店当天下午清点商品时，发现居然将一个空心的样机卖给了一位顾客，此事非同小可，总经理于是马上召集有关人员商议，要找到这名顾客。而当时他们只有两条线索可循，即顾客的名字和她留下的一张美国快递公司的名片。百货公司根据这些模糊的信息，展开了一场无异于大海捞针的行动。他们前后打了32次紧急电话，向东京的各大酒店咨询，但没有任何结果。

于是，他们又将电话打到美国快递公司的总部，深夜接到回电，得知了顾客父母在美国的电话号码，接着，又打电话到美国，得到了顾客婆婆家的电话号码，这样才终于找到了顾客的落脚地。这期间他们共计打了35个紧急电话。职员说完，总经理又将一台完好的唱机外加唱片一张、蛋糕一盒奉上，并再次表示歉意后才离去。

此时，吉埃斯的感动之情可想而知，她于是立即改写了那篇新闻稿，题目也改成了《35个紧急电话》。

什么是负责任？日本商店的总经理及工作人员给我们上了精彩的一课。试想，如果一个管理者、一个员工能够具备这样的负责精神，那么他们一定是最具胜任力的人，这样的职场人士定是当之无愧的胜任典范。

相信每一位管理者都渴望拥有一批像日本百货公司工作人员那样负责任的员工，然而现实往往是事与愿违，因为很多管理者看到的是员工责任感的集体缺失，这些员工不知道究竟是在为谁而工作。

要么为薪水而工作，那就只对薪水负责，多拿就多干，少拿就少干；

要么是为老板而工作，那他们就对老板负责，员工认为老板人好则多做，认为老板不好则少做；

要么是为兴趣而工作，那就对兴趣负责，喜欢则好好干，厌恶则应付差事；

……

这样的员工很难说是有胜任力的，因为只有为责任而工作，才会对工作负责，才会认真工作每一刻，才会更加胜任岗位。

责任会伴随每个人的一生，在人的身上有各种各样的不可推卸的责任：对家庭的责任、对工作的责任、对社会的责任、对国家的责任……

责任不仅是一种义务，它其实也是推动个人成就非凡事业的最佳动力。小到个人、家庭，大到企业、国家，他们的生存和发展，都离不开责任的推动。

责任可以推动一个人由平庸走向卓越，由不胜任到成为胜任典范。正如培训专家余世维所说："敢于承担责任的员工将被赋予更大的责任，这样的员工才能缔造伟大的企业，而这样的企业才能缔造伟大的商业时代！"

胜任的管理者一定是负责任的管理者，他们会致力于在部门内从上到下落实责任管理，以提升部门总体胜任力。

1. 负责人，就是要负责任

1973年，“现代管理之父”彼得·德鲁克将自己几十年的知识经验与思考浓缩到一本书中，在这本名为《管理：任务、责任、实践》的书中有多达36处谈到“责任”。彼得·德鲁克反复强调，认真负责的员工会对管理者提出很高的要求，要求他们真正能胜任工作，要求他们能够认真地对待自己的工作，要求他们对自己的任务和成绩负起责任来。可见，承担责任是管理的一个重要职责之一。

在我国，经常称一些领导者为“负责人”，这可以说是寓意深刻。所谓“负责人”，就是要切实负起责来，如果出现了问题就推脱责任，就是“负责人”不胜任的一种表现。

敢于承担责任，是管理者必须具备的品质。当自己的部门、团队出现问题时，不要再去推卸、指责和埋怨，而应主动承担责任，多从自己身上去寻找原因，这样才能让员工信服，才能感化员工，并向他们传达积极的力量。

史蒂文·布朗认为：“管理者如果想发挥管理效能，就得勇于承担责任。”杜鲁门任美国总统后，便在自己的办公室里挂了一条醒目的条幅：“扯皮到此为止。”每一位管理者都应该去仔细品味杜鲁门总统的格言。假若管理者对所在单位的工作成绩和效益不满意，请不要怪罪员工执行不力，而应该去严格谨慎地检讨你的管理方式。通常，属于中基层管理者的领导责任有：

第一，建立部门工作程序与标准。没有规矩不能成方圆，要想让部门有效运作，员工各司其职，管理者必须建立必要的标准与程序，使员工乐于遵从，以便发挥出更高的效能。

第二，设定目标与计划。将公司的总体战略目标分解成为部门具体的工作目标，并依此制定执行的方案，将任务分配给适当的人，在合理的预算与时间内，达成组织的目标。

第三，激励员工士气。人是情感的动物，心理上认同与喜欢的事情，做起来自然愉快顺畅，士气的提高与下属的价值观、喜好、情绪、人格特质有关，如何提高下属的意愿，调动员工工作积极性，是每个管理者的一项重要任务。

第四，培养下属。当下属的能力不足时，便会在完成既定任务的过程中遭遇困难，无法有效完成。所以，作为管理者，除了要提高员工的愿景外，还要培养下属，使其能力能满足任务的需求，因为当前的环境一直处于迅速的变化中，员工的工作技能也需要跟着改变，所以培养下属便成了一种持续性的活动。学习型组织与终身学习的观念，是现代企业组织必须要具备的。

中基层管理者的任务特色，就是要将高层的决策和组织目标转化为具体的行动。要做到这一点，中基层管理者就要具备清晰的思维，严谨的计划，大胆的创意，贯彻执行到底的决心，以及圆融的人际关系。

2. 运用责任管理的方法

作为一名管理者，往往集各种责任于一身。如何担负这些责任，需要找到一套科学的方法来提高自身的执行力。当前最常用的有效的责任管理方法是“5W3H”。展开来说，就是在执行一项任务前，管理者应该提出并解答下面8个问题：

第一，什么任务(What)。要明确相关任务的工作内容、工作量、工作目标和工作要求以及达成期限。

第二，为什么去做(Why)。要明白该项工作的目的、意义，并决定自己是否要由自己亲自去做。

第三，谁去做(Who)。确定由谁或哪些人去完成该项工作，他们分别承担什么角色。

第四，从何处入手(Where)。该项工作的切入点在哪里，需要按什么流程执行下去，执行到什么程度才算结束。

第五，什么时间完成(When)。要制定出完成任务所需的日程与安排。

第六，怎样完成(How)。也就是去要制定完成该项工作的细化方案，找到切实可行的工作方法。

第七，需要动用多少资源(How much)。即确定完成该项工作需要哪些资源条件，需要多少，如何进行筹措。

第八，做到什么程度(How do you feel)。要提前对该项工作的结果进行合理预测，预测过程中要考虑到执行人员的情况。需要说明的是，在制定执行方案前，要明确指导思想和执行准则；在任务执行中要做好追踪工作，了解相关信息、掌控工作进度、协调外部关系、掌握执行者心态、预防突发事件，并要防止自己被“架空”。处理好了这些问题，才能让所有的执行人员切实负起责来，才能将任务执行得更有秩序，也更到位。

3. 培养员工对工作的高度责任心

有个小男孩是一名割草工，一天，他打电话给布朗太太说：“您需不需要割草工？”

布朗太太回答说：“不需要了，我已经有了。”

男孩又说：“我会帮您拔掉草丛中的杂草。”

布朗太太回答：“我的割草工已经做到了这些。”

男孩又说：“另外，我还会帮您把道路四周的草也割掉。”

布朗太太说：“对不起，我请的那个人也帮我做了，谢谢你，我现在不需要新的割草工人。”

男孩便挂了电话。

此时男孩的朋友问他说：“你不就是布朗太太家里的那名割草工吗？还有必要打这个电话吗？”

男孩说：“有必要，因为我想知道我究竟做得好不好！”

多问自己“我做得如何”，这就是责任意识的一种外在表现。

世上没有不必承担责任的工作，工作就意味着责任。你若想让员工变得更胜任工作，首先要帮助他们树立起对工作的高度责任感。

对你的员工来说，对工作负责就是对他们自己负责，不仅要对“分内事”负责，还要对“分外事”负责。所有与执行有关的事，对部门、对团队发展有利的事，都应该当成自己的责任，去尽力执行。有了责任感，才会变“绝不可能”为“绝对可能”，才能变“怎么可能”为“怎么才能”，员工就会想尽一切办法去承担各自应尽的责任，就会勇敢地面对各种困难，朝着既定的目标前进。

要检验你的员工对工作是否真正负责，只需通过以下几个问题就可以看出来：

他总是能完美地完成领导交办的工作吗？

当需要加班时，他会对领导说“对不起，已经下班了”吗？

当你安排他到社会上做一项调查时，他会偷懒耍滑，甚至假公济私吗？

他是如何理解“不承担责任也就意味着放弃了前程”这句话的？

对上述问题的回答，能够反映出你的员工是不是以负责的精神对待工作。

对工作高度负责，就是有胜任力的表现。具有强烈责任感的人，会坚决完成公司、上级交代的任务；而缺乏责任感的人，会中断执行，拖延任务。

一个对工作高度负责的员工，不需要上司叮嘱或监督，他们会主动加班，抢在竞争对手前面完成任务。即使是在上下班的路上，或是在家里休息时，他们时刻都在思考一份完美的工作计划。所以，一个对工作高度负责的人，可以完美地完成任何任务，他们是最有胜任力的。

胜任力提升离不开合理授权

不向下授权，不仅是管理者不胜任的一种表现，而且这样也会逐渐削弱员工的胜任力。原因很简单：员工没有历练，哪来的胜任力？

诸葛亮可谓是个“事必躬亲”的能干的管理者，但他的结果怎样？自己操劳过度、积劳成疾，最后落得一个“出师未捷身先死，长使英雄泪满襟”的结局。

在实际生活中，诸葛亮式的管理者不在少数，他们也总是觉得把事情交给手下不放心，无论何事都要亲力亲为、亲自过问，其最终的结果很可能也会心力交瘁，还会被领导视为不胜任。

这些不善于授权的管理者似乎都有着自己的“苦衷”：

“不敢授权啊！一直盯着做还怕他们做不好呢！”

“我自己都没有什么权，还谈什么给下面授权？老板把权揽得死死的，我作为一个部门经理尚且如此，更何况他们呢！”

“现在的员工，你不让他们自主工作，他埋怨你不授权；而一旦你给了他相应的权限，他又会胡作非为，乱用权限……”

“当员工被授权后，他们反而不知所措，不知道该怎么做，即使勉强去做了，也不符合要求，最后还得自己去收场，还不如不授权呢！”

“不是不授权，是火候还没到啊，员工还不具备独当一面的能力！”

“这些事我自己都做不好，还授权给员工？是不是太不负责任了？”

“授权给他，他还是一会儿一个请示，一会儿一个汇报，根本就没什么主见嘛！”

……

这些管理者的抱怨似乎值得理解，但他们中的绝大多数人是不是过于低估了员工的能力，对员工缺乏信任，以偏概全了？或许上述有些是事实，但他们看到的只是一些个例，并不能代表所有员工。而且，员工能力各不相同，所需要的授权程度也不尽相同，不可“一刀切”。也就是说，所有那些看似冠冕堂皇的借口，都不应成为管理者不去授权的理由。

詹森维尔公司是一家规模不大的美国家族企业，该公司业绩一直处于迅速上升中。其中一个很大因素在于，该公司实施了权力下放的措施。管理层将制订预算的任务交给了一线员工，而这项任务在之前是由公司的财务人员去指导完成的。此措施实施了一段时间之后，一线员工学会了预算，而财务人员也就只需要负责把关了。这样不仅极大地提高了工作效率，也调动了员工们的热情，让他们掌握了更多技能，也更加胜任自己的工作。

还有，为了让每一位员工更有权力，CEO 塞塔尔甚至大胆地撤销了公司的人事部门，成立了“终身学习人才开发部”，用来支持那些为梦想而奋斗的员工。自从该公司实行权力下放以来，经营形势就逐渐变好，销售额每年递增 15%。后来，塞塔尔总结道：“权力要下放才行。一把抓的管理方式是错误的，最好的管理来自人们的自制。”

沃尔玛创始人山姆·沃尔顿说过：“一名优秀的经理，最重要的一点就是懂得授权和放权。”迈克尔·波特也认为：“领导者唯有授权，才能让自己和团队获得提升。”是的，授权既是一种领导方法，又是一种领导艺术，如果运用得当，能充分调动起员工的积极性，使其完全投入到工作当中去，最终带来的是管理者和员工胜任力的双重提升。

所以，对于应该“授”的“权”，就不要一直攥在自己手里，应大胆将任务分配出去，要分解任务到人，并明确其权责。一旦授权，在其工作人员执行的过程中，就不要再横加干涉，应让他们充分发挥主观能动性，自己只做好关键节点的控制即可。归根结底一句话，不要事无巨细，事必躬亲。

1. 你需要向下授权吗

授权与否，也是因人而异，在决定是否向下授权之前，你可以试着去问自己以下几个问题：

你是否繁务缠身，经常加班？

你是否无法抽出时间去考虑整个部门的发展方向及战略？

你是否很难找出需要授权让下属去办理的工作？

你是否相信只有自己才可以把工作做好？

你是否很难相信别人有能力将工作做好？

你是否怕授权后下属会“捅娄子”，最终还要自己来收场？

你是否由于怕失去控制而不向下授权？

你是否怕浪费时间而不去授权？

对于上述问题，你的肯定回答越多，那么你就越需要去授权。

2. 何时需要向员工进行授权

授权是现代管理最重要的组成部分，管理者永远不要幻想一个人独揽大局。一个不愿授权、什么都干的管理者，会什么都干不好，也带不出有胜任力的队伍。授权其实很简单，就是将权力授予其他人，以使其完成特定的任务。授权将决策的权力从组织中的一个层次移交至一个更低的层次。通常，当你遇到以下情况时，就可以考虑去授权了：

当你认为某个员工的能力足够的时候；

当你想提升某人或者想给他加担子的时候；

当你的目的是调整进展良好的技术、管理以及领导工作的时候；

当你发现需要增强员工实践经验的时候；

当你希望员工有更大作为的时候；

当你希望某个员工为部门乃至整个组织做出更大贡献的时候。

当出现上述情况的时候，就不要再犹豫，应该果断地对员工进行授权，授权不但可以帮助员工成长，还可以提高管理效率。因为那些对你而言看似简单的工作，对员工来说就未必如此，他们可能很愿意去做。授权会提高整个团队的整体素质和执行能力。

3. 有效授权“六步走”

如何才能做到有效的授权呢？这是每一个管理者都关心的问题，具体可通过以下六个步骤来改进部门的工作，提高工作效率，提升员工的胜任力，并把自己从具体事务活动中“解放”出来。

第一步：确定需要授权的工作。

从原则上讲，你可以把任何一件员工能够处理的工作授权下去。认真分析手头上等待分配的各种工作，要明白完成这些工作都需要做些什么、有些什么特殊问题、它们的复杂程度如何，在你没有完全了解这些情况和工作的预期结果之前，不要轻易将它们授权出去。

第二步：选定能够胜任工作的人。

为了做到这一点，管理者要对下属的能力有一个基本的了解。你可以花一些时间让每个下属用书面形式写出他们对自己职责的评论，并让下属告诉你他们最喜欢做什么工作，还能胜任什么新工作，为此，你还可以召开一个专门的工作会议，让每个员工谈谈自己的看法，并请其他员工进行一些评论。在这一过程中，如果你发现有的员工对自己的工作了解很深，并且远远超出你原来的预料，这些人就有可能拥有担负重要工作任务的才能和智慧。

另外，员工完成工作的速度情况也是一个考量的因素，那些效率更高的人将优先得到授权。

第三步：确定授权的时间、条件和方法。

授权的最好时间是在下午，你要把它作为一天里的最后一件事来做。这样做有利于下属为明天的工作做准备，为如何完成明天的工作做具体安排。还有一个好处，就是员工可以带着新任务回家睡觉，第二天一到办公室便集中精力处理工作。

面对面地授权是一种值得提倡的任务委派方法。采用这种方式，能够方便回答下属提出的问题，还能通过一些面部表情和肢体语言强化授权效果，并能获得及时的信息反馈。

第四步：制订一个确切的授权计划。

委派计划要回答这样几个问题：

谁负责这项工作？

为什么选他做这项工作？

完成这项工作要花多长时间？

预期结果是什么？

完成工作需要的材料在什么地方？

下属怎样向你报告工作进展？

授权之前，必须弄清楚上述问题的答案，还应将工作计划落实到书面上，分发给员工，自己也要留下一份备查。这样做可以使自己和员工都能够清楚地了解工作的要求和特点，避免出现理解上的偏差。

第五步：检查下属的工作进展情况。

授权不是弃权，不是撒手不管，授权之后，还要做好有效的控制，随时去检查下属的工作进展情况，授权控制是任务能够最终顺利完成的强有力保障，具体要做好以下几种控制：

(1)目标控制。即在员工执行的过程中，要对照目标对员工的执行情况及工作绩效情况进行考察，如果是一个较大的目标的话，还应根据目标的分阶段情况进行分别检查。此外，还要让员工养成定期报告的习惯，即被授权者必须定期向上级报告工作进展情况，并对工作推进中的重大事项进行说明，保证被授权的工作是沿预定方向前进的。

(2)态度支持。在授权的问题上，管理者一定要摆正心态，尽量去放权，鼓励员工大胆去尝试，对员工的轻微错误要抱一种宽容的态度。尽量不要干涉员工的具体工作，只在关键环节上进行控制。

(3)奖惩措施。当员工充分发挥了自己的潜能，并取得卓著的工作成效时，一定要做出相应的奖励措施，充分肯定员工的工作；如果员工的行为已远远偏离了预定的轨道，执行效果不佳，甚至给部门带来了严重损失时，或者员工能力太差，自己根本无法单独完成任务，这时就应该采取一些相应的惩罚措施，以示惩戒。必要的时候，还应果断停止授权，以免造成更大的损失。

第六步：不要忽略了授权评估。

当员工获得相应权限并完成任务后，管理者应该及时去评估授权效果。如果效果良好，就应当予以肯定并对成功经验加以推广。如果没能达到预期效果，也应该进行相应的检讨，以查找授权中的不足。要根据公司的具体情况，建立起一套切实可行的授权制度和工作规范，还要确保这些制度得到不折不扣的执行。另一方面，还要在工作实践中不断发现问题，不断地加以完善，并根据制度奖优罚劣，一视同仁。不能好坏不分、是非不明，要在公司内逐步建立并完善“好人能够积极办好事，坏人不敢办坏事”这样一种机制，确保公司的工作正常、有序、高效进行。

胜任力强，战斗力就强

胜任力强的员工意味着部门战斗力的强大。与之相反，胜任力不强的员工则会削弱部门、团队的工作能力。员工某方面的能力强过自己，领导者才有成功的希望；如果都用比自己差的人，那什么都谈不上了。

刘邦和他的部下韩信，曾经有过这么一段对话：

“如果我亲自领兵，你认为能带多少士兵呢？

“陛下最多只能率领10万大军。”

“那么，你能带多少兵呢？”

“我是越多越好。”

“那像你这样能干的人，又为什么要做我的部下呢？”

“因为陛下不是兵士的长官，而是将军的长官。”

从这段对话中我们可以了解到，在指挥军队和征战沙场方面，韩信的才能确是胜过刘邦。可是刘邦有办法运用韩信的才能。关于这一点，汉高祖曾对部下说：

“我的智谋诡计比不上张良，在行政管理上又不如萧何，指挥军队更不如韩信。但我能得到这三位杰出的人才助阵，这是我得天下的主要原因。”

汉高祖的话十分引人深思。如果单以才智来一较高低，那天下多的是比他杰出的人，但他能成功地创建许多丰功伟业的秘诀，就是能知人善任。

刘邦和项羽争夺天下，而项羽也是一位英雄人物，无论才能和力量，都远在刘邦之上。可是项羽不善于用人，甚至连自己的军师范增都容不下，这是项羽失败的主因。

即使一个才智出众的人，也无法胜任所有的事情，所以唯有知人善任的领导者，才可完成超过自己能力的伟大事业。然而一般人最容易犯的错误，就是高估自己的能力，而不肯接受他人的忠告。领导者也最应留意这点，只有当他发现部下的能力在某些方面高过自己时，才表示他有成功的倾向。如果所用的人都是平凡庸俗、能力比自己差的人，要想成功就太难了。

意大利首屈一指的菲亚特汽车公司是菲亚特集团的一个组成部分，也是世界十大汽车公司之一。

菲亚特集团在 1998 年美国《财富》杂志上世界 500 强中排名 34

位，1998年销售收入达510亿美元。

但谁也不会料到这家赫赫有名的公司，在1979年以前的10年里，竟是个面临倒闭的公司，它连年亏损，无法进行再投资，被迫将13%的股票卖给了对外银行。

面对这种困境，菲亚特集团老板艾格龙尼家族大胆起用强过他们的维托雷·吉德拉，任命他为汽车公司总经理，将公司全权交给他独立经营。吉德拉管理才华出众，平易近人，具有不屈不挠、吃苦耐劳、脚踏实地的性格，老板艾格龙尼正是看中他的这些优点而邀请他来任职的。

吉德拉上任后，果然出手不凡，大刀阔斧地进行了一系列行之有效的改革。在吉德拉的整治下，菲亚特汽车公司很快摆脱了困境，提高了劳动生产率，到1984年终于使汽车销售量达到了100多万辆，跃居欧洲第一，吉德拉本人也由于经营有方而闻名，被人们称之为欧洲汽车市场的“霸主”。

可见，管理者更好地使用强人要做到：

1. 用强人需要大的胸怀

敢用强过自己的人，要有容人之长的胸怀。因为，用比自己强的人，需要有更大的“度量”。某位企业家曾指出：用一个能力强的人，只会提高你自己的地位；因为条件好的人不但会提高整个部门的工作成效，更使你因为容人之长而美名远播，何乐不为？可见容人之长已为多数管理者所共识。

2. 强者不等于“完人”

优秀人才的可贵就在于有主见，有创见，不随波逐流，不看谁的眼色行事。人才的特征就是：创造力强，能为组织带来效益，为领导开创局面，甚至其能力超过领导者。既然是创新开拓，就难免与传统、权威不一致，甚至也可能与领导者合不来。任何发明创造、改革进取都不能保证百分之百的成功，错误与失败在所难免，甚至失败多于成功。领导者用强于自己的人要有“大肚能容，容天下难容之事”的雅量，才能成就大业，成常人难成之举。

要做到敢于用比自己强的人，要克服求全责备的心态。求全责备，是指对人要求过严，容不得别人半点缺陷，见人一“短”便横加指责，不予任用。求全责备是用人之大忌，它压抑着人的工作积极性，阻碍着人的成长，阻碍着人的智能的充分发挥；它使人谨小慎微不思进取，阻碍着人的创造性思维与创造性想象力的发挥；它使人缺乏活力，缺乏竞争能力和应变能力，造成人才特别是优秀人才的极大浪费。人才也是凡人，有其长也有其短。如获得 1998 年诺贝尔物理奖的华裔科学家崔琦竟不会使用电脑，如果用现代人必须掌握电脑驾驶和外文的标准来衡量，连“现代人”都算不上的崔琦又怎么能获得世界影响最大的奖项呢？

3. 允许失败

敢用强过自己的人，要容许他人失败。创造性活动，失败多于成功，但没有失败就没有成功。美国管理学家汤姆·彼德斯和南希·奥斯汀发现，最优秀的组织都是能够容忍失败的组织。如花旗银行、通用电气公司、百事可乐公司，都大力主张“失败是正常现象”，甚至认为应奖励“合理错误”。

美国钢铁大王卡耐基说过：“你可以把我所有的工厂、设备、市场、资金全部夺去，但只要保留我的组织和人员，几年后，我将仍是‘钢铁大王’。”

卡耐基死后，人们在他的墓碑上刻有这样一段话：“这里安葬着一个人，他最大的能力是，把那些强过自己的人，吸收到为他服务的管理机构之中。”

卡耐基的成功在于善用比自己强的人。在知识经济时代，领导者更需要有敢于和善于使用比自己强的人的胆量和能力。

下篇

打造全员胜任力

员工胜任力对于绩效的重要性

提高员工胜任力的重要性就在于，让不胜任的员工变得胜任，让胜任的员工更加胜任，乃至成为胜任典范。

著名管理学教授沃伦·本尼斯曾经说过：“员工培训是风险最小、收益最大的战略性投资。”企业需要加强对员工培训的重视，这不仅是企业自身发展的需要，也是员工成长的需要，因此，不要再对员工培训的需求视而不见。

1.“缺什么补什么”

目前，企业界的员工培训和员工的实际需求严重脱节，致使培训效果不佳。我们经常可以听到一些员工对培训的埋怨：“领导只知道走形式，不了解我们的真实处境，乱给我们开药方。”原本用心良苦的培训不仅没有收到应有的效果，反而还招致了员工的不满。

员工培训的一个最大误区是，无视员工的具体需求而盲目培训。

正如一位经理所说："现在的培训都是培训给领导看的，领导感觉很满意，员工却什么都没学到！现在再让我去参加培训，我都不怎么愿意参加，原因很简单，因为学不到东西！"不错，目前市场上的培训，如有关企业文化、心态、产品推销、营销技巧的培训，不仅内容显得机械，且都是站在领导层或管理层的立场上，因为是否培训的决定权在领导层，而很少有从员工角度出发的。

如果说员工不需要这样的"无效"培训，那他们究竟需要什么？

中医理论认为："人缺什么就得补什么。"员工培训也应奉行同样的原则。不过，在弄清楚员工缺乏什么之前，必须先弄清楚一个概念，那就是员工不是千篇一律的，他们具有各自的个性特征。我们都知道，不能用一种语言对全世界的人说话，培训也是同样的道理。市场需要细分，员工培训也需要细分，在这个过程中，你可以试着去问员工以下几个问题：

第一，你如何描述你的工作？

第二，你当前的工作目标是什么？

第三，你工作的中心是什么？

第四，你在工作时遇到的主要问题是什么？

第五，你在未来两年中将会特别关注哪些方面的工作？

第六，你接受过的培训对你的工作产生过帮助吗？

第七，为了更好地工作，你认为你还需要去学些什么？

根据上述问题的回答情况，另外再根据技能和知识两个维度，去了解每个员工的培训需求，即了解他在知识和技能上有什么欠缺，然后有针对性地给员工补充“能量”。

2. 坚持“人——职——组织”相匹配

根据普拉哈拉德和哈默尔的观点，对胜任力的培训应该坚持“人——职——组织”相匹配的原则。如果不奉行这一原则，就会出现培训后个人能力和职位以及组织不相匹配的情况，就难以达到培训想要的效果。坚持这一原则，其实就是将组织的核心竞争力、相关职位在组织价值体系中的位置和作用以及员工的个人特征结合起来，同时也要考虑员工的职业生涯规划。

3. 员工自我管理培训

请看下面的对话：

开发部经理卢卡感慨道：“这些日子，部门内的年轻人真是不能让我感到放心，他们几乎所有的工作都需要借助我或者其他同事的帮助才能完成，当他们自己一个人面对一项任务时，往往会无所适从，不知所措。莫西，你也有相同的问题吗？”

莫西小姐是和卢卡同期上任的主管，她深有同感：“我必须时时过问他们的工作。我把项目交给他们中的一个，外出一天回来时，他们却什么都没做。类似的事情发生过很多次了，你简直难以相信。”

“我们该怎么处理这种事情呢？我想，他们给我完成的工作量，最多只有我当时处在他们这个位置时所完成工作量的80%左右。”

“我也想知道该怎么处理。我给他们压力，可一点用处也没有。而且，每当我发现一个能干的人，他就跳槽到别的地方去了。”

上述例子中的两位管理者并不清楚自己所面临的问题的根源所在。在他们看来，可能是员工缺乏工作动力和责任心，也可能缺乏良好的培训，但这些其实都不是问题的根源。其实他们的员工最缺乏的是自我管理能力，他们不知道应该如何安排自己的时间和工作。如果抓不到这一根本，那么采取其他任何手段都是无效的。

著名的西门子公司有个口号叫作“自己培养自己”。和世界上所有的顶级公司一样，西门子公司在员工管理上有自己的真知灼见，他们把员工的全面职业培训和继续教育列入了公司战略发展规划中，并严格按计划加以实施。西门子公司所做的并非只有这些，他们还把很大一部分注意力放在了激发员工的学习愿望、营造环境让员工承担责任这两个方面，并注意让员工在创造性的工作中体会到成就感。另外，公司还要求管理者要引导员工以提高他们的自我管理能力，以便能和公司一起成长。所以说，为了提高普通员工的胜任力，首先要让他们学会自我管理，这其中最好的模式就是“质量圈”的管理模式。

“质量圈”通常是指由8~10名员工和其直接管理者所组成的一个工作群体，他们共同承担责任。“质量圈”的成员要定期会面，共同探讨工作中出现的质量问题，分析其成因，并提出合理化建议和解决方案，对于这些“质量圈”成员提出的建议和方案，管理层一般具有最终决定权。因为员工由于能力和经验所限，有可能会提出一些有失偏颇的建议和解决方案，这都需要管理者去进行甄别。

在“质量圈”的管理模式中还应包括对参与的员工进行相关培训，让他们了解群体沟通技巧、各种质量策略、测量和分析问题的技术等。

美国最早采用“质量圈”管理模式是在20世纪50年代，这一模式传到日本，被日本企业发扬光大，为日本制造业发展立下了汗马功劳，甚至使日本企业在和美国企业的竞争中获胜。80年代以来，欧美和亚洲的企业开始大力推广“质量圈”模式。“质量圈”在倡导员工参与企业管理、激发员工的工作积极性、提高员工的胜任力上，发挥着极大的正向促进作用。

为了有效提高管理者的领导力、胜任力，某集团公司建立了完善的胜任素质测评模型、发展体系，并借此构建了一个领导力发展系统。

1. 以胜任素质模型为标准进行员工评估

此集团公司每年都会对企业的管理层和普通员工进行胜任素质评估，参与评估人为被评估人的上级、平级、下属及其他相关人员。在评估中，他们主要借助三个专业工具：

(1)胜任素质模型，即担任某一特定的任务角色所需要具备的胜任素质的总和；

(2)360度评价，由上级、下级、同事和相关人员对被评估者进行多层次、多维度评价；

(3)人才测评工具，这是对管理人员进行的一种有针对性的测评，用来了解作为管理人员所需具备的能力、动机、性格、职业倾向等综合信息。

具体来说，员工评估共分三步：

第一步：通用素质整体解读。该公司所指的通用素质包括：伦理与价值观、全局观念、资源整合能力、团队意识、执行力、创新意识、前瞻性思维与策略性思考能力、风险防范意识、分析与决策能力。公司正是通过正态分布法对员工的通用素质进行统计分析，了解他们的整体素质状况，从而促进其胜任力的进一步提升与发展。

此外，通过对"360度反馈评分表""访谈表""个人胜任素质反馈表"结果的综合分析，得出公司整体的"优秀通用素质"。

第二步：待发展通用素质分析。对员工的待发展通用素质进行整体分析与界定，找出目前存在的差距，并提出改善的建议和方案。

第三步：重点职务解析。素质评估涉及的职务范围比较广，有财务类、营销类、运营类、生产类、开发类、售后服务类等。对每一个职务系统的管理者和员工，都要进行深入分析，以了解他们的胜任素质。

2. 从人才评估到领导力培养

此公司一直非常关注员工领导力的提升，通过素质模型能够看清各岗位现任人员的胜任素质现状，这不仅能帮助管理者了解自己的胜任能力与企业要求之间的差距，确定改进目标和行动计划，更重要的是，从企业的角度讲，他们也可以有针对性地为管理者提供发展计划，进一步提高团队的整体领导力、胜任力。

具体来说，评估一名管理者是否有领导力、胜任力，主要是通过以下途径：

(1)发展计划。通过人才评估分析相关工作人员的品格、能力对其胜任力的影响。当然，完整的发展计划还应包括有助于个体做出良好行为的知识水平、技术技能和经验阅历等因素。

(2)行动计划。能够帮助被评测者对其个性特征进行妥善管理、强化或弥补，从而表现出更有效的行为和更强大的胜任力。

(3)培训。根据评估结果，为相关人员提供针对性的培训课程。

(4)跨职能的岗位轮换。轮岗是迅速培养复合型人才的一个关键手段。通过这种方式，能使人才从各个角度全面了解企业组织的运转情况，从而提高其综合素质，早日成为复合型人才。

(5)辅导。辅导本来就是管理者最重要的一项工作，它包括提供反馈、激励以及有效提问等要素。

3. 清晰的员工职业生涯规划

此公司对员工的职业生涯规划也有独到之处，他们有着比较明晰的规划，并不要求所有的人都往管理的层面上发展，也建议那些有专业而不具备领导潜质的员工往专家的道路上发展，并为他们提供相应的通道。

因此当新员工入职的时候，不管是社会招聘，还是实习生，或是应届毕业生，此公司都会对其进行一到两年的共性胜任力培养，然后再做人才评价评估，以找出该员工的优势，发现他的长处，随后鼓励他往不同的道路去发展。

所以在胜任力培训方面，此公司的这个平衡做得比较好，既能够顾及组织的利益，也可以照顾到员工的个人发展。这样一来，员工都乐于接受这个培训体系，并投入这个体系，在培训体系里面成长，而该公司也因此挖掘并保留了一大批人才。

总的说来，员工胜任力培训要想做好，就要抓住这几个基本点，而此中每一个点都不能被忽略。

全方位考核员工胜任力

很多管理者面临的最大问题不是下属没有胜任力，而是他们根本就不了解自己的下属，甚至根本没有意识到自己对下属缺乏了解，因而也无从知道下属是否具有岗位胜任力。

在是否应该给一名员工加薪的问题上，管理者们的依据往往是：这名员工胜任工作吗？值得我给他加薪吗？

在是否应该提拔一名员工，管理者的衡量标准通常也是：他一直都胜任他的工作吗？提拔了他以后，他还能胜任新的岗位吗？

在回答这些问题之前，其实管理者需要去解决一个根本问题——你清楚并了解自己的员工吗？这一问题的答案是考量一名员工是否胜任的关键所在。

管理者应时时问自己这样一些问题：

我了解员工的专业背景吗？

我了解员工的特长所在吗？

我了解员工的兴趣是什么吗？

我了解员工的缺点吗？

我知道由什么样的员工组成的团队会合作顺利吗？

……

如果一个管理者自认已经了解了员工的一切情况的话，那你可能还只是处于了解员工的初级阶段而已。

那么，如何真正了解自己的下属呢？

1. 倾听员工的心声，了解员工的需求

对你来说，也许员工的出身、学历、经验、家庭环境以及背景、兴趣、专长等是相当重要的。不过，了解员工的真正意义并不在此，因为只有弄清员工的真实想法及其背后的思想背景才是关键。管理者若能在这些方面与员工产生共鸣，员工同样也会感觉到管理者的用心良苦，只有达到这种地步，管理者才算是了解员工。

2007 年，曾在著名快速消费品制造商联合利华公司任职 22 年的吴汉荣，到了中美史克担任总经理。新官上任，应该重点关注什么？吴汉荣的经验是首先做好员工的工作："虽然医药是我二十多年职业生涯中从没有接触过的领域，但总经理岗位的任务是大体相同的。企业是一个团队，总经理要做的是集合整个团队的优势，全面调动员工的积极性。"

要好做员工的工作，在吴汉荣看来，最重要的就是要去积极倾听员工的心声。于是，刚一上任，吴汉荣便安排了大量时间，用来与员工进行对话，倾听员工们的想法。他说："我和员工们首先探讨的是，公司文化应当改变还是保持原状。作为新任总经理，我认为不应该把我从前服务公司的文化带进来。公司文化要体现的不是总经理的文化，而是企业员工的文化，是中美史克 800 名员工共同需要的文化。"

总经理尚且如此，作为需要更多和一线员工接触的中基层管理者，就更需要时刻去倾听基层员工的心声了，这样才能使得自己的管理更有针对性。

在管理中，聆听员工的心声，是调动员工积极性的重要手段。作为管理者，应耐心地去听取员工的心声，找出他们所遇问题的症结，并帮助他们解决问题，这样才能有助于你的管理目标的实现。那么，管理者应该从何处入手，去倾听员工的心声、了解员工的需求呢？

美国著名的管理咨询顾问公司盖洛普公司，曾经就员工对自己的工作环境和工作场所的要求进行了一次广泛的调查。经过分析总结，他们得出了员工的 12 个基本需要，这些需要分别是：

(1) 在工作中知道公司对我的期望；

(2) 我需要具备把工作做好所必需的工具和设备；

(3) 在工作中有机会做我最擅长的事；

(4) 在过去的 7 天里，我出色的工作表现得到了认可和表扬；

(5)在工作中上司认为我是一个有用的人；

(6)在工作中有人常常鼓励我朝前发展；

(7)在工作中我的意见和想法一定有人听取；

(8)公司的使命或目标使我感到自己所做工作的重要性；

(9)我的同事们也都在非常努力地做好本职工作；

(10)我在公司中有一个最好的朋友；

(11)在过去的6个月里，有人和我谈过我的进步；

(12)去年，我在工作中得到了学习和成长的机会。

员工的上述问题，恰恰是管理者需要去了解进而去满足的，这样才能给员工创造一个良好的工作环境，让员工满意，以激发员工的工作热情，充分发挥员工自身才能，从而给部门、组织带来切实的效益。

一旦管理者能够用一种欣赏的态度去对待自己的员工，去了解他们的过去，了解他们的特长和兴趣，那么，你将会发现，你并不缺乏胜任力强的得力干将。

2. 全方位考核员工是否胜任

对员工的胜任程度，管理者还可以从以下几个方面去考核：

第一，道德，也就是员工的思想道德情况，即是否诚实、守信，为人正直；是否以部门、团队为家，是否把企业的利益放在了重要的位置；是否善于和其他员工进行协作；是否具有积极进取的工作态度等。这些是决定一个员工是否能认真工作，兢兢业业，圆满完成任务的关键考核标准。

这些情况是不能用数据来测量的，而应该是根据观察，根据日常工作、生活、待人接物、办事等多方面做定性的判断。具体可以将员工划分为优秀、良好 、合格、一般等不同的等级。

第二，能力，这是考察员工能否胜任工作的一个最重要的衡量标准，也就是从能力的角度去衡量员工是否能胜任本岗位的工作，是否能够圆满完成本岗位的任务，如果答案是肯定的，那么员工就具备相应岗位的能力，是胜任工作的。

第三，勤奋，员工的勤奋程度可用优秀、良好、合格、一般四个等级来衡量，勤奋程度，往往是决定一个员工是否能够战胜困难、胜任工作的一个重要因素。

第四，绩效，也就是工作业绩，不同的工作岗位有不同的绩效衡量标准。比如，对于生产线上的工人，就可以用产品数量来衡量其绩效。而有些岗位是不能用数量来衡量绩效的，如办公室人员，他们的工作比较零散，很难进行量化。办公室人员从事的基本上都是一些支撑、配合性的工作，因此，可以用他们的工作是否影响了其他相关部门和人员的工作来衡量，如果他们日常事务处理及时，并且很好地协调了其他各方面的工作，保证了企业的正常运转，那么，他们就是完成了工作任务，对于他们的绩效考核标准，可以划分为优秀、良好、一般等。

当然，管理者在知人善任的同时，还要给予员工适当的引导，将他们的内在潜力充分释放出来，并让他们在实践中不断地磨炼自己，这样才能迅速提高他们的工作胜任能力。

员工能否胜任，“管理”是关键

有这样一个故事：

一个小和尚在庙里负责撞钟，三个月之后，他忽然感觉到这种工作简直无聊透顶，认为自己不过是“当一天和尚撞一天钟”而已。

不久，庙里的方丈将小和尚调到后院劈柴、挑水，理由是他不能胜任撞钟一职。小和尚很不理解地辩驳：“难道是我撞的钟不够准时、不够响亮？”

老方丈语重心长地对他说：“你撞的钟尽管很准时，也响亮，但钟声听上去却让人觉得空洞、疲软，没有感染力。敲钟的目的是要唤醒沉睡的众生，因而，撞出的钟声不只要准时、洪亮，而且还要圆润、深厚、悠远。”

故事中的小和尚固然有其不能胜任的地方，但老方丈对此也负有不可推卸的责任。

首先，方丈并没有提前告知小和尚撞钟的操作规范与标准，使小和尚不知道撞钟要撞到什么水平才算是胜任；

其次，他也没有向小和尚解释撞钟的重要性，使得小和尚不明白撞钟的重要意义所在，进而使他产生懈怠心理；

最后，方丈没有对小和尚进行相应的指导和培训，使小和尚缺乏胜任工作所需要的基本技能。

正所谓“凡事预则立，不预则废”。在员工开始履行自己的职责之前，应该让他明白应该做什么（明白自己的职责）、为什么做（清楚职责的意义）、怎么做（做事的方式）以及做到什么水平（做事规范），只有这样，才能保障员工更好地胜任自己的工作，进而达到让管理者满意的效果。

一个理想的部门，必须是一个合格的团队，在这个团队中，管理者是胜任的，员工也必然是胜任的。在这样的团队中，管理者和被管理者是融洽的，工作也是高效的。但要建设这样的团队并不是件容易的事，现实中管理者与被管理者之间常常会产生矛盾和冲突，产生这种问题的原因可能很多，但主要是文化方面的差异，也有性格脾气方面的差异，更重要的还有利益上的冲突。

很多管理者在同员工产生矛盾和冲突时，往往都会条件反射般地站在自己的角度来分析问题，总想把产生问题的原因推到员工身上，认为问题是由于员工的不胜任而导致的，并以此来推卸自己的责任，这种错误的思维方式会让人丧失解决问题的最佳时机和方案。其实，作为管理者，在面对类似问题时，首先应做的是检讨自己的行为，还应学会站在被管理者的角度重新思考管理上的方式方法是否也存在不足之处，是否解释得到位等等。员工工作不胜任，管理者其实是难辞其咎的，必须负有一定的责任。

虽然不能绝对地认为“没有不胜任的员工，只有不胜任的管理者”，但对于员工的不胜任，管理者负有一定责任，却是毋庸置疑的。因为：

第一，在一个组织里，如果大量的员工都不称职，那只能说明一个问题，就是组织的选择机制存在较大的漏洞。我们知道，规范的现代企业组织，在人员的招聘上都会有自己严格的考核程序和手段，如果说一个企业有大量不合格员工的存在，那就是招聘这一关出了问题，其责任肯定是在相应的管理者身上，因为他们没能制定出一个行之有效的招聘制度。

第二，再完善的招聘制度，再严格的筛选程序，也不是万无一失的，招聘人员很难做到招聘到的每一名员工都是称职的、胜任岗位的，但是作为弥补措施，一个企业如果有“自我修复和教育”功能的话，对那些“不小心”招来的“不胜任”的员工，通过企业的再培养和教育，就可以使其不良习惯得以修正，使其技能得到提高，进而达到胜任的标准。可见，这种“自我修复和教育”功能是企业必须具备的，而它的形成及其有效程度，和其上级的管理有不可分割的关系。

第三，如果通过上述两个环节，还是不能完全杜绝不合格的员工存在，这也是有可能的。在这种情况下，就需要相应的管理者启动备用的“淘汰机制”，将那些经过培训和指导后仍然无法胜任的员工淘汰出去，如果说这些不合格的员工不能被及时淘汰出去，就说明企业的优胜劣汰功能已经失调了，产生这种失调的责任还是在管理者身上。

此外，据调查，有大约35%的“不能胜任”的离职员工，让他们离开的直接原因是管理者的性格和风格，他们由于不认同管理者的风格和性格而离职。

可见，对于员工的不胜任，管理者应该从自己的角度去找问题，并想方设法让员工变得“更胜任”。

1. “传授、带动、练习”三部曲

没有哪个员工天生就胜任工作，管理者要从以下几个方面去促成员工从“不能胜任”到“胜任”的转变：

第一，传授，就是让员工懂得应该怎么去工作，让他们知道解决问题的正确步骤与方法。传授的目的就是让员工“知其然”，而不是自己做对了还不知道为什么做对了，做错了也不知道为什么做错了。

第二，带动，就是亲自或者让优秀的老员工带领新员工，以此让他们变得优秀，这是一种类似于“师父带徒弟”的方法。当然，如果部门的规模比较大、员工众多的话，也可以设训练专员一职，可以让优秀员工兼职“传帮带”。这种方法的特点就是让训练专员带动新员工或业务不熟练的员工边学边用，边学边用的效果远远大于先学再用的效果。

第三，练习。一般的新员工经过传授、带动后，通常就知道怎样做好自己的工作并掌握了一定的技能。但此时他们还面对一个问题——不够熟练。怎么才能做到熟练地掌握工作技能呢？答案很简单，两个字——练习！只有不断地重复练习才能做到真正的掌握。在员工练习的时候，管理者同样不能置身事外，要从以下几个方面为他们把关：

(1)指正。在员工练习的时候，你要在旁边观看，以发现员工哪里做得好，哪里做得还不够，并予以指正，通过这种方法让员工知道什么地方才是他需要重点练习的。

(2)在工作中练习。比如在员工练习销售口才时，就可以让其去实地接待顾客，此时管理者要在一旁观察，发现员工哪里做得好、哪里做得不到位，等接待完了顾客，再对其进行讲解指正。

(3)角色演练。角色演练就是由管理者或其他员工来扮演顾客以进行演练，通过演练让员工掌握技能。

2. 让员工接受挑战

一种让员工更胜任的行之有效的方式就是增加他们的责任，让他们去尝试新的工作和挑战。因为在遇到一种新工作，面临新问题、新挑战或令人感到刺激的机会时，员工的潜质就会被激发出来，进而拥有不同以往的出色表现。不同的员工成长于不同的背景中，因此能够从不同的角度来看待问题，也能够在此基础上大胆地提出相反意见，这样往往可以使工作中的难题得到解决。

另外，还要给员工委派一些超过其正常工作压力限度的工作项目，以便让他们扩充知识、开阔视野、增加经验，更关键的就是挑战他们的极限。这些项目不应是“为工作而工作”的任务，而应是那些能够推动部门进展的重要工作。为了让员工更好地应对这种挑战，管理者要为他们提供必要的资源支持，包括专业知识、时间以及相关保障。

3. 发挥好员工的“传、帮、带”作用

“传、帮、带”不仅仅是管理者的任务，当你的员工参与了各种培训，并学到了各种经验之后，要鼓励他把所学的知识传递给团队的其他成员，尽管不是每个方面的知识都能够全部传达到，但的确有很多是可以传达的。在实施这种方法时，应根据员工特点、知识结构和部门的具体情况因地制宜地进行。

另外，为保证员工把所学的知识也能传递给部门内的其他人，就要相应地为他们提供一些便利措施，比如给予他们所需的时间和空间，延长午餐时间，提供会议室等等。如果员工知道他们的知识和经验还要传达给其他人，他们就会更加集中精力提升自己，这样，当学习变成工作的一部分，而不是与工作业绩无关的额外负担时，每个人都会更加努力，也会更加有胜任力。

4. 让员工承担更重要、更高级的工作

很多管理者在现实中会投入过多的时间来保护自己的职位，因为他们担心下属太优秀而超过自己甚至取代自己的位置。

事实上，情况正好相反，衡量一个管理者是否有效的一个关键尺度，就是其下属的业绩如何，是否有胜任力。因为，如果员工得到了很好的培训和提升，就会更加胜任自己的工作，也会更容易接受部门中的其他任务，部门整体战斗力就会提高，这本身就是管理者能力的一种体现。

因此，管理者应该大胆让员工去承担一些更重要、更高级别的工作，因为，如果你让员工承担范围更广的工作、更多的责任或更高的职位，他们的能力就会得到大幅度提高，而你的能力也会得到体现。

5. 鼓励员工去积极思考、积极交流

很多公司的培训都是关于知识、技能、操作规范的，而很少去关注员工独立思考能力的提升。事实上，对一名有胜任力的员工来说，积极思考和沟通的能力才是不可或缺的。我们看到的是，很多员工大部分时间都忙于把一天的工作做完，而很少有时间(或能够花些时间)坐下来和同事、领导交谈，去思考工作中出现的各种问题。这种局面有必要进行改变，因为，管理者哪怕是花费一点点时间和员工沟通、探讨、思索，那么假以时日，就会带来难以想象的积极效果。

管理者可以多组织一些新老员工座谈、项目经理座谈及各种论坛等，这样，当你有一个想法，我有一个想法，双方就可以交换一下，各自就都有了很多想法。而很多工作上的灵感和创意，都是在各种思想的碰撞中产生的。

什么样的人坚决不能用

用人要成功而有效，这是每个领导者都想做到的，关键在于合理用人，知道什么样的人能用，什么样的人坚决不能用。

在这方面，古代先哲的言论对我们仍然很有借鉴意义。齐桓公称霸的时候，有一位功不可没的宰相管仲，管仲是个足智多谋的人，早在公元前七世纪的时候，他就提出了用人的若干准则，现在选取几则有现实意义、值得借鉴的准则介绍给大家：

1. 妒忌心强的人不能委以大任

人难免都会妒忌别人，这也是一种正常的现象，而且有时候这种妒忌可以转化为前进的动力，所以不能说妒忌就一定是消极的。但是如果妒忌心太强了，就容易产生怨恨，觉得他人是自己前进的最大障碍，到了这种地步，往往就会做出一些过激的事情来，甚至造成严重的后果。

俗话说："宰相肚里能撑船。"妒忌心强的人气量太小，绝对不是一个好的领导者，因此不能委以重任。三国时的周瑜不能不说是一位帅才，但就是因为妒忌心太强而栽了跟头。

2. 目光远大的人可以共谋大事

所谓有抱负的人也就是目光长远的人。不同的人有不同的眼光，有些人比较急功近利，往往只顾眼前利益，这种人目光短浅，虽然会暂时表现得相当出色，但是却缺少一种对未来的把握和规划能力，做事只停留在现在的水平上。

如果领导者本身是目光远大的人，对自己的公司发展有一个明确的定位，并且需要助手，那么这种人倒是很好的选择，因为这类人最适合于被领导者指挥运用，以发挥他的长处。

而一个能共谋大事的合作者则往往能在某些重大问题上提出卓有成效的见解，这样的人是领导者的"宰相"和"谋士"，而不仅仅是助手，如果领导者能找到这样的人，那么对事业的发展无疑是如虎添翼。

3. 前瞻后顾的人能担重任

前瞻后顾的人往往思维比较缜密，能居安思危，能考虑到可能发生的各种情况和结果，而且很明白自己的所作所为。这种人往往也很有责任感，会自我反省，善于总结各种经验教训，他的工作一般是越做越好，因为他总能看到每一次工作中的不足，以便于日后改进。如此精益求精，成绩自然突出。虽然有时候这类人会表现得优柔寡断，但这正是一种负责任的表现，所以作为一个领导者，大可放心地把一些重任交给他。

4. 不要亲近性格急躁的人

这种人往往受不了挫折，常常会因为一些细小的失败而暴跳如雷，自怨自艾。这样的人做事往往毫无计划，贸然采取行动，等到事情失败又怨天尤人，从不去想失败的原因，因此，也很少能够成功。如果领导者遇到这样的人，那么就该远离他，以免受到他的牵累而后悔。

5. 决不可以重用偏激的人

太过偏激的人往往缺乏理智，容易冲动，也就容易把事情搞砸。正如太偏食的人身体就不会健康一样，思想如果过于偏激，就不会成大事。总是使事情走向某一个极端，等到受阻或失败，又走向另一个极端，这样永远也到达不到最佳状态。这正如理想和现实的关系，理想往往是瑰丽的，不断吸引人们去追求，但是如果缺少对现实的了解，理想也只能是空中楼阁。相反，如果满脑子考虑的都是些琐碎的现实，那么终会被淹没在现实的海洋里而不能自拔，最终陷入迷茫之中。所以凡是要成大事，都要把二者结合起来，才能取得最佳效果。

6. 一定要耐心期待大器晚成的人

有的人有些小聪明，往往能想出一些小点子把事情点缀得更完美，这类人看上去思维敏捷，反应灵敏，也的确讨人喜欢。但是也有另一些人，表面上看并不聪明，甚至有点愚的样子，却往往能大器晚成。

对于这类大智若愚的人，领导者一定要有足够的耐心和信心，决不能由于一时的无为而冷落他甚至遗弃他，因为这类人往往能预测未来，注重追求长远的利益。既然是长远的利益，也就不是一朝一夕所能达到的。领导者应信任他并给予重任，不能让这类宝贵的人才流失。

7. 轻易就断定一件事没有问题的人不可靠

无论大事小事，一定存在着各种问题，做事情说到底也就是解决问题。

如果一个人轻易就断定一件事没有任何问题，这至少表明他对这件事看得还不够深入。这种草率作风是极不可靠的一种表现。如果让他来做一些重大的事情，那得到的也只能是一些失望的结果，所以这种人不可轻易相信，否则上当的只能是自己。

除非有十足的把握，否则一般人对任何事不可能许下重诺，因为事情的发展往往不以人们的意志为转移，各种无法预料的情况随时都有可能出现，所以一个负责任的人不会常常许诺，因为他的责任心使他做了全面而系统的考虑，所以他才不会轻易许诺，这样的人才是可靠的，不要因为他们没有承诺而不委以重任，只要给予充分的信任，调动他们的积极性，事情多半就会成功。

而有一类人刚好相反，遇事随口就答应，表现得很自信，到头来却不能完成使命，而且这种人也常常为自己轻易打下的“保票”找出各种理由来推诿塞责，对于这种轻诺又寡信的人，千万不可信任。

8. 拘泥于小节的人一般不会有什么大成就

做任何事情，有得必有失，利益上有大也有小，要想取得一定的利益，必然要舍弃一部分“小利”；如果一个人总是在一些小节上争争吵吵，不愿放弃的话，那也就难成大业。

就如做广告，很明显的一个事实是，公司越大广告也做得越大，现在很多跨国集团所创的世界名牌，都是长年累月广告效应的成果。有的公司一年的广告费就高达几个亿，但是他们的利润却比这高出好多倍。在某种意义上，越敢于舍弃“小利”，所能获得的回报也就越多，所以说，拘泥于小节的人很难成就大事业。

9. 说话少但很有价值的人定能担当大任

口若悬河、滔滔不绝的人未必就是能担当大任的人，而且这种人常常并没有什么真才实能，他们只能通过口头的表演来取信别人，抬高自己。

真正有能力的人言语并不多，但一开口就常常切中问题的要害，这种人往往谨慎小心，没有草率的作风，观察问题也比较深入细致，客观全面，做出的决定也实际可靠，获得的成果也就实实在在。所谓

“真人不露相，露相非真人”讲的就是这个道理。

所以，领导者应该注意那些少言寡语的人，因为他们往往是最有价值的员工，不管安排到什么岗位，都能尽快适应工作。领导者切不可被一些人天花乱坠的言语所迷惑，这也是一个成功的领导者所应该具有的鉴别力。

优势互补，弥补团队“短板”

在管理实践中，“木桶理论”被很多管理者推崇。“木桶理论”告诉我们，员工最短的那块“板”将最终决定他们能够在团队中发挥多大的作用。因此，管理者应把思考的重点放在一个问题上——如何将员工的“短板”补上。

其实拥有这种思维方式的不仅是管理者，很多人关注的焦点都在于如何弥补自己的“短板”，让自己的“木桶”能盛更多的水。然而，随着企业、团队的专业化分工越来越精细，很多管理者已经开始意识到：发现并尊重员工的特长与优势，似乎要比补其“短板”更有价值。

一个穷困潦倒的青年流浪到了巴黎，他找到父亲的朋友，希望他能帮自己谋到一份差事。

“你精通数学吗？”父亲的朋友问他，青年摇摇头。

“历史、地理怎么样？”青年还是摇头。

“那法律呢?”

最后，青年不好意思地低下了头。看着这个几乎是一无是处的年轻人，父亲的朋友为了安慰他，只好说：“那你先把住址写下来吧。”

青年写下了自己的住址，转身就要走，却被一把拉住了：“你的字写得很漂亮，这就是你的优点啊，你不该只满足于找到一份工作。”

不出所料，几年后，那个落魄的青年不仅能写出一手好字，居然还写出了享誉世界的经典作品，他就是众所周知的法国 18 世纪著名作家大仲马。

大仲马的经历告诉我们：世界上不存在没有优点的人，同样也不存在没有缺点的人。

著名管理学家德鲁克指出：“有效的管理者不论是在择人任事上，还是对于员工升迁，都以一个人能做些什么为基础。所以，我的用人诀窍，不在于如何减少人的短处，而在于如何发挥人的长处。”

事实上，管理者在很大程度上可以决定员工的成就大小，如果管理者可以发现员工的特长和优势，并加以合理的利用，那么你的员工会更加胜任工作岗位，他们的工作表现也会有突飞猛进的进步。

识别员工的长处和优势，是让员工更加胜任工作岗位的前提和基础。所谓长处，是指一个人所具备的可为组织所利用并能为组织带来最大经济效益的与众不同的特点，这个特点可以是知识、技能、性格和价值观等，它是一个相对值，而不是一个绝对值。

能不能发现员工的这些长处，就看你有没有识人的慧眼了。那些称职的管理者通常都具有一个特长——能够发现员工的优势，并使其有用武之地，同时在这一过程中，将员工个人的特长转化为实际的业绩。

这注定是一个双赢的局面：员工在自己本来就擅长的领域内游刃有余、愉悦轻松地工作，在这种情况下，即使没有外部的激励，他们也能够表现出一个最佳胜任者的特质；与此同时，管理者也会因为知人善任，得到更多的尊重和认可，整个部门也会更加和谐，工作效率也会逐渐提高。

那么，作为管理者，该怎样发现员工的优势，并利用员工的特长和优势呢？

1. 相信每个人都有所长

在管理界，有一句名言：没有“平庸的员工”，只有“平庸的管理者”。高明的管理者，都会假设员工是不平庸的，进而从每个普通的员工身上，发现有价值的东西，并进行积极的引导和开发。

一位有胜任力的管理者必须懂得取长补短、以长制短的用人原则，竭力避免长短不分、以短为长的盲目行为，这样才能将员工的真正潜力发挥出来。

俗话说得好：“尺有所短，寸有所长。”员工也一样，他们每个人都有自己的长处，也有其短处。有的人性格不合群，经常我行我素，可他同时可能有诸多发明创造，甚至硕果累累；有的人性格固执，但也不能排除他们很有主见，不会随波逐流，不会轻易附和别人的意见；有的人行动迟缓，可他同时往往也具备有条有理、踏实细致的优点，所谓“慢工出细活”。

称职的管理者应当知道自己下属的优点和缺点，并在适当的时候和恰当的位置上运用其人，这样就可以做到扬长避短了。在这里，我们从性格出发，来分析员工的行为特征，从中分辨出员工的“长”与“短”，以便给管理者起到参照作用。

性格特征	优势	不足
坚毅正直	能够坚持原则	喜欢攻击对方
平和宽厚	能够宽容忍耐他人	时常优柔寡断
强势豪爽	积极进取	会过于锋芒毕露
精明谨慎	细心	多疑
能言善辩	善于交流	有些飘浮不定
强硬坚定	能起到“定心丸”的作用	过于专横固执
乐善好施	胸襟宽广，人缘好	来者不拒未必是好事
清高、廉洁无私	立场坚定	过于谨慎
冷静沉着、思维缜密	善执行，重细节	行动可能会迟滞缓慢
足智多谋、善于掩饰感情	长于权术，富有韬略	在进行决断时常常模棱两可，犹豫不决
行动果断、光明磊落	勇于进取	不拘小节，不够精细
性格外向	为人诚恳、人缘好	往往显得没有内涵
温顺	遵守规章制度	行事迟缓，缺乏创新能力
好学上进	不断进取，不甘心落后于人	容易好大喜功
沉着冷静	能够深谋远虑	行动迟缓，难以把握机会
富有谋略、深藏不露	善于随机应变，有内涵	常常表里不一
性情质朴	行事直率	难以调停指挥
勇武强悍	勇敢果断	有时会胆大妄为

2. 换一个角度看员工的缺点

有人说，垃圾是放错了地方的宝贝。不得不承认，由于一些习惯性的偏见，很多被大家公认为是缺点的东西，其实未必就真正是缺点，或者它们本身和优点之间的界限就很模糊。也就是说，在你看来是员工的某项弱点，它实际上恰恰是员工的一个优势。比如：在管理者眼里，一个员工有斤斤计较的弱点，但如果从优势的角度去看，这样的性格不正是管理仓库员的最佳人选吗？还有，对于一个爱挑毛病的员工，在你看来这或许也是一个缺点，但如果这名员工从事的是质检工作，那这将是一种多好的品质啊！

因此，正确的用人之道是充分发挥一个人的长处和优势，避开其短处和劣势，简而言之就是“扬长避短”。用人就是用他的长处，使他的长处得到发展，短处得到规避。

在传统胶卷生产中，感光材料的生产是一个重要环节，许多工作都要在暗室里完成，可视力正常的人一进入暗室，就会两眼一抹黑，什么也看不见了，因此难以进行更有效的操作。怎么办？柯达公司曾经一度为此感到非常头疼。

后来，一位一线生产经理突发奇想，他建议说：“盲人习惯了黑暗中的生活，假如让盲人来从事这项工作，很可能会提高工作效率。”后来，公司进行了尝试，果然，在暗室里进行工作，盲人的表现远远胜过正常人。于是，公司决策层迅速下令：将暗室的操作人员全部换成盲人。

盲人由于运用了自己的优势，反而在关键时刻发挥了独特的作用，反而比一般员工更加胜任暗室工作。可见，你要想让自己的员工更加胜任工作，就要用人所长，避其所短。

3. 辩证地看待员工的特长

先来看一个管理者的困惑：

我做主管三年多了，一直在实践中摸索管理经验。人们常说，管理者要多去了解下属，才能知人善任。但我却发现，有时候，对下属了解得越深刻，反而越会让我陷入两难的境地，这让我很苦恼。

举个例子吧，一次，我和一个新来的员工小汪一起出差。但是，航班因故晚点了，我非常着急，因为客户正在等我们。小汪于是立刻打电话告知了客户我们的情况，得到了对方的理解。一路上，他表现得非常细心。到了客户公司，他跑前跑后出了不少力，而且总能在对方提出问题之前就先揣摩到对方的想法，并提前和我商量好解决方法，给客户一个满意的答复。他的这种特质让我感觉眼前一亮，因为这种乐于为对方着想的人太适合做客户管理工作了。

于是，回来后我就安排他专门负责管理客户。但是，不久，我就发现，在客户管理工作中，小汪善于为客户着想的优势，在这一岗位上却产生了一个明显的负面效果，那就是他过于考虑对方，以至于常常忽略了我们自身的利益。而且，由于为客户想得太细致，而增加了许多不必要的工作量，他又不擅长统筹安排，导致工作变得混乱而没有效率，因此，工作绩效反而不好。

对于这种情况，我真是左右为难。想让其他人替代小汪，但又找不到比他更合适的人选，以赢得客户的满意。我明白，这绝对是他的优势所在，但是，我却不知道该如何去利用好他的这个优势。

让这位主管困惑的是，他的下属小汪的优势中还夹杂着让人难以容忍的缺点。但你要知道，许多时候，人的优势和弱点并不是非此即彼，相互对立那么简单。比如，有的人乐于助人，具有合作精神，但同时又有很强的竞争意识，在缺乏限制的情况下甚至还会产生一定的破坏力。这样的员工，一方面善于协作，但另一方面又会挑起事端。

因此，在利用员工优势的时候，也不能无视他的弱点。一个很好的解决办法是将能力互补的员工形成合作搭档，这样既相互支持又相互制约。比如上述案例中的员工服务意识很强，但常常无原则，忽视了公司的利益。那么，就可以找一个原则性强的员工与他搭档，这样一来，既可以将服务周到的优势延续下去，同时又能兼顾双方的利益。

4. 要用发展变化的眼光去看员工的特长

员工的特长是由主观和客观因素共同作用而形成的，所以也会随着主客观因素的不断变化而出现一定的变化，这就是特长的转移性。特长转移的直接后果，往往是新特长在某种程度上超过原特长，并成为最明显的技能或知识优势。因此，管理者对于员工在特长上的变化要做到明察秋毫，并及时调整对员工的任用，尽可能地重新把他们安排到适合发挥新特长的工作领域，为促进他们新特长的发挥创造良好的条件。

给员工施展胜任力的“舞台”

所有的用人单位都是青睐具有胜任力的员工，所有的管理者也都希望自己的员工队伍是由有胜任力的下属所构成。因为，有胜任力的员工，能够为企业创造出良好的效益、带来丰厚的利润，能够弥补领导的不足，成为管理者的得力助手；即使遇到再大的难题，也能够主动地去寻找问题的解决之道，毫无偏差地执行上级交代的任务；对企业怀有一种发自内心的责任感，永远对企业忠诚……

对于称职的员工、有胜任力的员工，管理者首先应该保证他们在工作中有充分的参与度，给他们提供一个施展才华的舞台。俗话说“是骡子是马，拉出来遛遛才知道”，参与实际工作是考察员工胜任力的最有效途径。

美国著名军火商雷神公司在核潜艇配套设备生产行业享有盛誉。但在一次订货工程合作中，由于各种原因，公司的工程进度大大滞后了，如果不能如期履行合同，将会给公司带来巨额的经济损失。为了解决这一严重的问题，公司立即成立了应急问题处理小组，组长亲自来到施工现场，督促上万名技术人员及员工加快施工进度。

经过一年的努力，公司终于赶上了进度，并按期交送买方第一批订货。然而，当完成第二批订货的时候，公司技术部对仓库中即将装运的设备进行了最后一次预检，结果又发现了严重的问题。原来，技术人员发现有一件设备的主机动力线被剪断了，要知道这种设备可是准备装在核反应堆附近的，稍出差错将会带来无可挽回的惨重后果。

于是，技术部立即封存了这批订货，并将情况详细地向总裁做了报告。对于这样的事故，常规处理方法是将设备转移到安全地区予以全部拆毁。但如果这样做，公司好不容易建立起来的信誉也将会毁于一旦，雷神公司也可能将因此而永无出头之日。

总裁当即决定召集全公司员工，把问题公之于众，征求大家的意见，谋求最完善的解决办法。总裁向员工们说明了公司面临的危机："如果我们不能顺利渡过这次难关，不只你们，还包括我，全都会流落街头，到贫民窟去寻找我们的立足点。这个棘手的问题关系到公司上万名员工的共同利益，我没有权力独自做出决定，所以把你们召集起来，就是要寻求一个两全其美的办法，来保住公司的信誉，保住大家的饭碗。好了，大家努力吧，上帝赐福我们。"

在这次危机事件的处理上，小组组长把处理问题的权力下放，让每一名员工充分参与，积极献计献策，提出自己的意见和建议。据事后统计，在危机处理过程中，员工提出并得以实施的合理化建议居然多达一万多个，它的适用性和价值甚至超过了董事会对此做出的预期，这些建议最终也很好地化解了公司的危机。

雷神公司之所以能够顺利化解危机，是因为它能及时让员工参与规划与决策，这是集体智慧群策群力的结晶、团体协作的结果。员工的智慧是惊人的，只要给他们提供一个合适的舞台，有胜任力的员工必定脱颖而出。

虽然不少企业也都主张提高员工参与度，强调员工参与，但在管理实践中这种“参与”似乎成了一种形式，甚至，即使有员工主动提出一些合理化的建议，也得不到上司的关注与认真对待，更谈不上得以真正的贯彻与执行了。

提高员工参与度，不应只是一句口号，要想发挥每一个下属的特长与潜力，提升他们的胜任力，就要像雷神公司一样大胆地让员工献计献策，并将其中合理化的建议予以采纳。这样，不仅能减少部门经营管理方面的失误，还能增强员工的主人翁意识和使命感，调动员工的工作积极性，可以说是一举两得。

具体要做到：

1. 让员工参与决策

在传统概念里，企业的“决策”和“执行”是由不同的人担当的，企业老板或管理人员只负责做决策，而通常情况下，员工在某项企业、部门决策出台之前是毫不知情的。他们的任务只是执行决策，且必须全力以赴地把这个由最高管理层描绘于纸上的蓝图在最短的时间内转化为现实。因此，在这种传统决策框架里，“决策”与“执行”之间必然会错位，会导致很多问题出现。

于是，就有人提出应该让员工参与决策，以避免企业决策层做出一些不切合实际甚至根本无法顺利执行的决策。但这样去做，似乎又出现了一个新的问题，那就是由于员工的参与而延长了讨论时间，使得决策过程变长，最后错过了实施的最佳时间。事实上，这个因素也是很多管理者忽视员工参与决策的一个重要原因。

事实证明，如果员工能参与到部门甚至整个组织的决策制定中来，他们就能更加深入地理解相关决策的内涵，明白决策的重要性，知道自己应在哪些方面为实现该决策贡献自己的力量。当然，在参与决策之前，必须让员工去充分了解相应的情况，了解公司的整体经营面貌，这样才能保证他们在参与决策时的高效率，才能创造全新的公司文化，每位员工才能清晰地看到自己对整体组织的价值贡献，所有成员目标一致，共同努力，才能获得巨大成功。

在通用电气公司，员工参与决策得到了最有效的贯彻执行。每年都有 2~2. 5 万名普通员工参加“大家出主意”会议，通用电气前 CEO 韦尔奇还推行过一项“全员决策制度”，即让那些平时没有机会互相交流的员工与中基层管理者一同出席公司决策讨论会。这个制度对于企业尤其是像通用电气这样的巨型企业来说，好像会造成效率低下，但在实际工作过程中却恰恰相反，并没有出现问题，反而避免了公司内部的官僚作风，大大提高了工作效率。

2. 让员工参与管理

所谓参与管理，简单来说，就是让员工参与组织、部门的决策和其他各项管理工作，重点是要营造一种平等的氛围，让员工和管理者友好地探讨组织、部门中的重大问题，这样员工就可以感受到来自上级的信任，体验到自己的利益与组织发展密切相关，进而产生强烈责任感；同时，参与管理为员工赢得了一个证明自我的机会，会让员工的能力变得更强，进而更加有胜任力。

参与式管理始于日本公司，后来在西方企业中得到了普遍推广，目前已经成为了一种成熟的管理方法。参与式管理强调通过员工参与企业的管理决策，使员工改善人际关系，发挥聪明才智，实现自我价值；同时，还可以达到提高组织效率，增长企业效益的目标。

通用电气公司曾经推出一种别出心裁的员工参与式管理方法——一日厂长制。该项制度覆盖全公司，每一位员工都要写一份“管理计划”，自 1983 年起，在每个周三，都会由普通员工轮流担任一天厂长。在这一天里，“一日厂长”和真正的厂长工作性质是没有区别的：9 点准时上班，然后听取各部门主管汇报，以对全厂的运营情况进行全面了解，然后陪同真正的厂长巡视各个部门和车间。“一日厂长”还要做好工作日记，详细记载工作中出现的各种情况，并提出切实可行的意见。而各部门、各车间的主管也要切实依据这些意见随时改进自己的工作，并须在干部会上提交改进后的成果报告，而不仅仅只是走走形式。对于各部门、各员工提出的问题，先由“一日厂长”进行处理，然后再呈报真正的厂长。“一日厂长”根据自己的管理实践，还可向真正的厂长提出自己的意见和建议。

这样的管理方式为通用电气公司带来了显著的成效，大大节约了生产成本，提高了生产效率。

3. 给下属一个施展才华的舞台

管理者要相信自己的员工是最棒的，只要有合适的表现机会与实战途径。管理者的责任就是为他们搭建起一个展示其才华的舞台。这个舞台可以具体到“让员工参与到部门规划与决策”这一点上，实施形式可以是部门会议、内部讨论，也可以是下属与上司之间的“一对一”交流，总之，只要是有助于提升部门工作效率的建议，都应该大胆去采纳。

要想充分调动员工参与部门、组织各种工作的积极性，还应该给予相应的鼓励，如可以将员工在部门规划与决策中所起的作用与所提出的建议，纳入对员工的综合考核之中，对于其中的优秀者，给予相应的奖励，并将之作为员工晋升的一个衡量因素。

全方位有效沟通，提升胜任力

作为管理者，你是否想收集到更多更有益的建议？你是否愿意发现并解决部门内部的问题，改进和提升部门的绩效？你是否想改进和提升部门内的团队合作效果？你是否想得到他人或员工的支持与信赖？你是否想提高个人在公司或部门内外的影响力？你是否想获得良好的工作氛围和和谐的人际关系？你是否愿意去充分激励员工的积极性？你是否想使自己成为一个受欢迎的管理者？

对于上述问题，相信每一个管理者都想得到肯定的回答，那么，如何才能一一实现上述设想呢？答案很简单——全方位有效沟通。

通过全方位有效沟通，管理者可以从员工那里得到更多的信息，可以了解来自不同角度、不同层次的想法和建议，这样不仅能为自己思考问题和做出决策提供更多的参考和依据，也能为决策的正确性提供保证，进而提升整个团队的胜任力。通过全方位有效沟通，管理上的效益能得到极大提高；通过全方位有效沟通，管理者可以更充分地发现部门内部存在的问题以及问题的解决之道，而只有不断地去发现问题和解决问题，管理者的管理水平才会一步步地提高，部门的绩效才会不断提升；通过全方位有效沟通，可以促进各部门之间、上下级之间、员工之间的相互了解。只有通过充分的了解才能实现相互的理解，深刻的理解，才能实现良好的协作。所以，通过全方位有效沟通，可以使管理者的决策和主张得到员工的广泛支持和信赖，进而提高执行的效率和成功的概率。

可见，全方位有效沟通目的是在上下间达成共识，让所有员工一起面对现实，共同参与，让大家都知道事实的原委，这样才能做到上下统一思想，从而发现并解决问题。管理的成功源于充分沟通，只有沟通到位，才能使管理者更加胜任，同时也能使员工更加胜任工作岗位。沟通的过程本身就是一个相互影响的过程，通过沟通，能使管理者的思想和观点得到员工的广泛认同，管理者的影响力也必将得到提升，同时能够有效化解矛盾、消除隔阂、增进相互的了解和理解，获得良好的部门、团队工作氛围及和谐的人际关系。

日本“经营之神”松下幸之助说：“企业管理过去是沟通，现在仍是沟通，未来还是沟通。”英国管理学家 L. 威尔德也认为：“管理者的最基本能力就是有效沟通。”所以，缺乏全方位有效沟通能力是管理者不胜任的一种表现。

2006年，国内曾发生了一件著名的“女秘书PK总裁”事件。2006年4月的一天，EMC大中华区总裁陆纯初下班后，又返回办公室取东西，等到了办公室门口他才发现自己没带钥匙，而此时他的私人秘书Rebecca已经下班回家。陆纯初试图通过多种方式与之联系，但都没能联系上，不禁怒火中烧。几个小时后，陆纯初仍然难以抑制胸中的怒火，在凌晨1时13分通过内部电子邮件系统给秘书Rebecca发了一封措辞严厉、语气生硬的“谴责信”：

“我曾告诉过你，想东西、做事情不要想当然！结果今天晚上你就把我锁在门外，我要取的东西都还在办公室里。问题在于你自以为是地认为我随身带了钥匙。从现在起，无论是午餐时段还是晚上下班后，你要跟你服务的每一名经理都确认无事后才能离开办公室，明白了吗？”

年轻气盛的Rebecca看后，同样感觉非常恼火，她在冲动之下，给总裁陆纯初回复了一封同样措辞强硬的邮件，并且还同时抄送给EMC（北京）、EMC（成都）、EMC（广州）、EMC（上海）等各个分公司，她在回复邮件中是这样写的：

“首先，我做这件事是完全正确的，我锁门是从安全角度上考虑的，北京这里不是没有丢过东西，一旦丢了东西，我无法承担这个责任。

“其次，你有钥匙，你自己忘了带，还要说别人不对。造成这件事的主要原因都在于你自己，不要把自己的错误转移到别人的身上。

“第三，你无权干涉和控制我的私人时间，我一天就 8 小时工作时间，请你记住中午和晚上下班的时间都是我的私人时间。

“第四，从进 EMC 的第一天到现在为止，我工作尽职尽责，也加过很多次的班，我没有任何怨言，但是如果你们要求我加班是为了工作以外的事情，我无法做到。

“第五，虽然我们是上下级的关系，也请你注重一下你说话的语气，这是做人最基本的礼貌问题。

“第六，我要在这强调一下，我并没有猜想或者假定什么，因为我没有这个时间也没有这个必要。”

很快，他们之间的邮件来往在网络力量的推动下，先是被外企员工疯狂传播，后来迅速成为一个全国性事件。

就这样一次简单的内部邮件往来，却带来了严重的后果，对 EMC 中国区前总裁陆纯初来讲，这个危机是巨大的，甚至引发了其个人的辞职。可以说，这一事件的直接原因是双方的沟通失当，他们在面对突发情况时，都没能恰当地控制自己的情绪，通过恰当的沟通化解问题，而是相互进行了火药味十足的邮件谴责，结果导致了局面的失控。

可见，能否进行全方位有效的沟通，是衡量管理者是否胜任管理工作的一个重要准绳，如果做不到这一点，就会影响企业的管理秩序。

那么如何做到全方位有效的沟通呢？这是每个管理者要思考的。

1. 如何说上级才肯听—与上级沟通的艺术

和上级沟通，是中基层管理者工作的一项重要内容。不论是出于和上级领导和谐、愉快相处的需要，还是为了得到上级领导对本部门工作的信任、关心和支持，都有必要掌握一些与上级沟通的艺术。

第一，适当沟通，不可一味恭维与盲从。下级要懂得尊重上级，这是任何时候都要遵从的一项基本原则，因此，在和上级沟通时，要注意时刻维护上级的尊严和权威，沟通要适当，不可逾越"火线"。但这不等于你要去恭维上级，正常的上下级关系是建立在尊重领导、支持工作和维护威信上，要做到服从而不盲从。

第二，在上级面前牢骚满腹要不得。中基层管理者的工作是要将上级的决策按要求落到实处，面对的大都是一些琐碎的工作，而且工作量偏大，工作不好开展。在这种情况下，有些管理者就忍不住会发一些牢骚，甚至在领导安排工作时还会闹情绪。但是你要明白，没有一个领导会喜欢那种终日怨天尤人、满腹牢骚的管理者。

第三，要顾全大局，善于从整体考虑。人所处的位置不同，看问题的角度、处理问题的方法往往也不尽相同。上下级之间因为所处的位置不同，常常会在对问题的看法与处理上产生分歧，不过这些矛盾都是正常的，重要的是，你作为下级，千万不要以自我为中心，而应考虑整体工作，摆正自己的位置，顾全大局，而不只是考虑部门利益，只有这样才能让领导满意。

2. 加强上下沟通，提高员工的使命感和胜任力

任何一个部门中都会存在或多或少的矛盾与问题，它们就仿佛是横在管理者和员工之间的一把“锁”，那么管理者如何才能找到打开这些“心锁”的钥匙呢？

真诚的沟通是化解部门中矛盾与问题的最好方式，它就是管理者应该时刻放在兜里的那把“钥匙”。团队中的很多矛盾和冲突都是缺乏沟通而导致的，因此，通过充分而真诚的沟通能够顺利消除矛盾和冲突，增加部门的凝聚力，提高员工的使命感和胜任力。

向下属沟通的关键在于管理者自身，首先应该做出善于并乐于同员工进行沟通的姿态，具体而言应做到以下几点：

第一，打造良性的沟通机制。

良好的沟通是管理者与员工之间进行感情联络的一种有效方式，沟通的效果会直接影响到员工的使命感和积极性，也会影响到员工的胜任力。只有保持沟通的顺畅，管理者才能及时听取来自员工的声音，并及时解决上下级之间的矛盾，增强部门的凝聚力。充分的沟通有赖于良好的机制，比如在本部门内部应建立各种沟通的正式渠道、非正式渠道，并使之制度化、轨道化，这样才能使信息流通得更快、更顺畅，达到高效沟通的目的。

第二，保持积极的沟通态度。

上下沟通时，态度很重要，稍有不慎，便可能引起员工的抵触情绪。因此，在与员工沟通时必须把自己放在与员工同等的位置上，做到开诚布公、推心置腹、设身处地，而不应颐指气使、盛气凌人、居高临下，这会让员工产生心理障碍，致使沟通不成功。管理者应抱着尊重、合作、平等、赏识、分享的积极态度，才能使沟通效果更佳，这样员工才会乐于将他们工作中的问题、经验和上级分享。

第三，充分相信员工。

有效沟通是以信任为前提的。没有信任，沟通就难以深入推进，有了信任，才能真正做到推心置腹。因为，信任可以化解误会，也可以赢得对方的同等信任，这样双方才能敞开心扉进行无障碍沟通。

身为管理者并不意味着你比员工高明多少，你的工作需要下属分担，创意需要同事完善，你的工作需要有整个团队的配合才能顺利开展。如果没有信任，这一切都无法进行。

第四，对下属之间的纠纷要公平、公正处理。

下属之间，天天在一起相处，难免会产生一些矛盾和纠纷，这些矛盾和纠纷如果得不到及时解决，往往会影响工作，甚至会带来严重的后果。管理者要沟通好这些关系，可以采取以下几种方式：

一是彼此退让方式，就是让矛盾的双方都各自退后一步，达成和解与共识，这是一种化解冲突的最常见的方法。

二是等待时机方式，这种方式通常适用于冲突解决的时机尚不成熟，仍需维持现状时。在这种情况下，就要等待时机，而不可采取强制性的手段，否则只会加剧双方的矛盾，产生不良后果。

三是迂回前进方式。在特定条件下，对一些无关原则问题的矛盾可采取淡化的处理办法，或者让有明显过错的一方做出一些必要的退让和妥协。

沟通必须是全方位的，这样了解才会更透彻；沟通也必须是有效的，因为“无效”沟通会导致矛盾没解决，新问题又会产生。

积极引导，激发员工胜任力

在现实中，一些新入职的员工正式报到后，由于没有人现场指导，对新的工作环境不熟悉，经过一番周折后，终于找到了自己的办公位置，又由于上司忙，只能自己花很长时间来适应新的工作，一旦做错了事情，上司给予的不是指导和帮助，反而是批评和训斥。

作为管理者，他们认为这并没有什么不妥，认为这是在锻炼新员工的自我调适能力，或者说得夸张一点，就是所谓的“把员工扔进冷水里”的策略。持有这种观点的管理者通常会认为，真正优秀的、胜任力强的员工是在严厉的方式下被调教出来的，员工一定可以自己克服问题，如果不能，那么这样的员工必定不是好员工，即使流失也没有什么可惋惜的。

但这些管理者的想法是不可取的，要想让员工更快地适应工作、更具有胜任力，需要的管理者积极的引导和鼓励，而不是在他们不能胜任工作岗位时撒手不管，出了问题又严加指责。

在现实中，我们看到了太多的类似现象：

有些员工由于不懂正确的做事方法，而总是“胡做”、“蛮做”、“盲做”，结果不但得不到好结果，反而浪费了公司的资源；有些员工是想做好工作，但采用了低效的方法，没有按正确的方法有效去做；有些员工想主动尝试，积极创新，然而得不到鼓励，甚至还时常被上级泼冷水；有些员工在工作中走了弯路，犯了错，于是“没本事”、“笨”等等风言风语便出来了……

不错，新员工的不成熟与不具备胜任力，在很多情况下都是由于管理者的不作为或错误作为造成的。事实证明，再好的员工“坯子”，也要经历从不胜任到胜任、从尽职尽责到胜任典范这样一个过程。而在这个过程中，管理者的作用至关重要。对员工，管理者应该多些引导与鼓励，少些批评与指责。

1. 员工需要被引导

如何才能对新员工进行引导，使之尽快适应岗位要求，从不成熟到具有胜任力，这是每一名管理者关心的问题。对员工的引导只有在让新员工清楚以下问题或具备以下能力的时候，才能称得上是到位的：

(1) 他要完成哪些工作（明确任务）；

(2) 他该怎么完成这些工作（工作技能）；

(3)能够融入新的工作环境(团队意识);

(4)产生对公司的归属感(忠诚度)。

在对员工进行引导时，新员工和老员工要分开进行，因人而异。管理者可以将新员工具体分为以下几种类别：

第一类：没有经验的、充满干劲的“新手”；

第二类：有上进心的、为了更好的发展而改变工作岗位的人；

第三类：对跳槽已经习以为常的“老手”。

上述三类人有一个共同点，就是他们都来到了一个完全陌生的环境中。他们带着期望和担心来到这里，都必须先熟悉情况，适应新的人、新的环境，获得新的认知，学会操作新的“方向盘”。他们都渴望从上司那里得到指引，弄明白他自己有哪些东西还要学习、应该按什么步骤来学习等等。

对待那些刚开始工作的“新手”，管理者必须特别谨慎，因为“新手”需要的指引最多。除了引导他们了解自己的工作任务以外，还必须教会他们如何对待工作。“新手”需要一定的时间来学习，花的时间会比有经验的员工长。特别是刚从学校毕业出来的“新手”往往会有些自以为是，所以必须适时地教会他们改变自己来适应工作。因此，引导不仅指开阔他们的视野和为他们进行工作安排，还包括为他们指明界限，告诉他们哪些做法不可行。

对于“老手”员工，你可以明明白白地告诉他们你的期望和规则。

你可以利用“老手们”的经验，询问他们的意见，检讨一下你惯用的工作方式是否合理。但对此也不要操之过急，否则“老手”很快就会被看作是一名竞争对手而受到同事的排挤。

在对“老手”进行引导时，重点是工作方式、工作方法的引导，目的是尽快让他们变得更加优秀，更加胜任。

2. 控制好自己的情绪，少一些批评，多一些鼓励

相信有不少的管理者在工作中都曾因心情烦躁或其他一些莫名原因，而将自己的下属当作出气筒，无故发火。等到心平气和之后，管理者们也会为自己不够冷静、不够成熟、不够理智的行为而懊恼和后悔。

然而，事情的后果可能已经无法挽回，有的下属可能会当场和你争吵，有的下属会因此而怨恨背离你，有的下属忍受不了你而离职，还有的下属会因此无所适从，还有的下属从此以后会“不求有功但求无过，不再多言多语”……这些都会导致你的员工胜任力大大下降。

管理好下属的前提是管理好自己，控制好自己的情绪，这在组织行为学上被称为“自我监控能力”。

一天，前陆军部长斯坦顿愤愤不平地来到林肯办公室，他说一位少将居然用侮辱的话语指责自己偏袒了一些人。林肯了解事情的原委后，就建议斯坦顿写一封内容尖刻的信回敬那个家伙。

“把他狠狠地骂一顿。”林肯添油加醋地说。

斯坦顿于是当即写了一封措辞强硬的信，然后拿给总统看。

“好，写得好！”林肯大声叫好，“就是要这样写，好好骂他一顿！太好了，斯坦顿！”

但是，当斯坦顿把信叠好装进信封里时，林肯却拉住了他，问道：“你这是干什么？”

“把信寄出去呀。”斯坦顿有些摸不着头脑了。

“不要胡闹！”林肯大声说，“这信千万不能发，听我的，赶快把它扔到炉子里去。以前我在生气时写的信，都是这么处理的。因为信写得尖刻，实际上在写的时候你就已经解了气，我说的没错吧？”

故事中林肯所提倡的控制情绪的办法，是值得管理人员拿来为己所用的。无数的事实表明，鼓励比一味地批评更能激发员工的工作积极性，为下属喝彩实是一种智慧，你在欣赏下属的时候，也在不断地提升和完善自己。

员工是需要鼓励的，但有些管理者却对鼓励员工存有一丝担心，他们认为这样容易让员工滋生骄傲心理，不思进取，同时也担心其他员工在背后议论自己对下属不能一视同仁，对员工不公平。其实这种担心是多余的。每个人都渴望得到赏识，得到赞美，无论是身居高位的领导，还是基层员工，人们普遍希望能得到别人的赞美，而且对于赞美自己的人，他们也会在内心深处产生好感。

所以说，要使下属始终处于施展才干的最佳胜任状态，最行之有效的方法，就是上司的夸奖和奖励，没有什么比受到上司的鼓励更能激发下属积极性的了。

第一，鼓励可以提高员工的自信心。任何人的成长、成功，离不开鼓励，在员工每天的工作、生活中，不论是理解的目光，还是温暖的话语，都会激发他们的上进心，甚至会改变一个员工对工作乃至对人生的态度。

第二，鼓励员工可以促进工作的顺利完成，还能保证工作质量。当你用刻薄的语言去奚落、讽刺、挖苦员工时，从表面上看，他们并没有什么异议，但在内心深处却是充满了抵触甚至是愤恨，在这种心理的作用下，员工只会敷衍了事，因为他们根本体会不到工作的乐趣，工作质量肯定不高。

第三，鼓励员工本身也是管理者个人修养的一种体现。管理的艺术在很大程度上并不是表现在做指示、下命令上，而是反映于如何激励、唤醒、鼓舞员工焕发出工作热情。一个只会下命令的领导不是好领导，特别是对于中基层的领导来说。

第四，鼓励员工可以为部门创造良好的工作氛围。通过鼓励员工，可以在部门内形成一种良性互励的氛围，这将是创造学习型组织的基础，同时也是以人为本的企业管理理念的体现。

所以管理者要时刻保持理智，尤其有必要为自己定几条规矩，避免情绪化的影响：

第一，要时常告诫自己，工作之外的人和事所带来的坏情绪，只能存在于办公室的大门之外。

第二，要经常提醒自己，下属是来工作的，不是来挨骂的，况且发脾气解决不了问题。

第三，即使是下属错了，实在忍不住要发脾气，也要分清责任的主体，不能波及无辜。

第四，向员工们敞开心扉，多倾听建议，改进自己的工作方法。

少“推”多“拉”，主动带领

有一个人，从小就非常渴望成为领导者，他长大成人后，为了实现儿时的梦想，便进入了父亲的企业工作。几年后，父亲提拔他做了基层经理，他担心不能胜任，于是就请教父亲该如何做管理者。父亲没有说话，而是拿出一根30厘米长的绳子放在桌上，他让儿子用手拿着绳子的一段向前推，看能不能让绳子往前移动。结果他怎么向前推，绳子也不能往前移动一点点，只是歪歪斜斜地在原处扭动。

父亲见状，便问儿子该怎么做才能改变现状。儿子思考了一番，又拿着绳子，调了个方向，然后向前拉，绳子于是就直直地向前走了，儿子终于轻轻松松解决了这个问题。最后，父亲问儿子悟到了什么，儿子说：“做领导不能总是在后面推，而应该在前面拉。”父亲的良苦用心，让儿子总结出了胜任领导、带好队伍的关键——少“推”多“拉”，主动去带领员工。

很多基层管理者都有和上述年轻人一样的困惑，他们不知道究竟该怎样去带好队伍。在管理实践中，他们也不知道该如何去有计划地、主动地开展工作。他们当中的大多数人扮演的就像是一个消防队员的角色，哪里出现了问题，就跑去“灭火”——处于被动的工作状态。

被动地去工作，是难以胜任复杂的管理工作的，也不可能带出一支具有较强胜任力的队伍。而那些称职的管理者，时刻都在注意对下属的主动带领。他们给员工讲解或亲自演示某项工作技能，然后让员工自己去尝试，并根据员工的表现，指出其需要改进的地方；他们鼓励员工学习他人的先进工作经验，然后和领导共同探讨提高；他们向员工布置工作任务后，接着和他们讨论如何才能更好地去完成，并询问员工是否还需要支持，需要哪些支持；他们随时关注员工在工作中出现的问题，并帮助他们找到解决问题之道，然后支持他们去积极地解决问题；他们根据员工工作中出现的问题，与员工讨论问题产生的深层次原因，进而和员工一起想对策，从源头上根除那些对工作产生负面影响的因素……

做一个主动型管理者，实质就是主动带领，少“推”多“拉”，而这对管理者而言不应只是一个口号。

管理者可以从以下几方面入手：

1. 主动一些，做好“教练”

在现代管理实践中，随着竞争的日渐激烈以及管理工作的精细化趋势，管理者所要做得更多的是提供思维与方法这样一种“教练”型的工作。在具体管理中，管理者只需要拓展员工的视野，教给他们完成任务的必要方法，员工们就会充分发挥主观能动性，并结合自己的特点，按照合理的流程，充分发挥个人优势，去完成公司或管理者交代的工作任务。正因为如此，管理者也就越来越多地充当着“教练”这一角色，并对员工进行言传身教，培养他们的独立工作能力，让他们在实际工作历练中得到迅速成长，这是一种“授人以渔”的激励方式。

管理者作为“教练”的职责，就是给员工一个施展才华的舞台，给员工一个自由的发展空间，教给他们必要的工作技能，然后让他们独当一面，独立面对工作，当然这个“独立”是相对的，中间还需要“教练”的扶助。

在扮演“教练”这一角色时，管理者虽然不必事必躬亲，但必需具备给员工示范的能力，要通过实例与具体的操作方法来指导员工，并将自己的建议与经验同员工分享，使他们尽快掌握工作的技能。只有这样，管理者所在部门或组织的整体战斗力才会迅速提升。

管理者所需承担的“教练”工作不是一两次的行动，而是一种基本的、连续性的、主动性的工作。其职责主要表现在：

第一，明确对员工的期望。管理者要与员工进行深入交流，一方面要使员工清楚地知道自己的未来发展方向，另一方面要明确传递管理者对于员工的期望，以此来激发员工追求卓越的意识，帮助他们树立信心。

第二，制定目标并分解到人。管理者应该将组织或部门的整体目标分解为阶段性目标，帮助员工制定明确的工作目标。“行为管理之父”汤姆·吉尔伯特曾经说：“作为‘教练’，你必须帮助员工明确他们各自的工作目标，并知道评判的标准，然后由员工自己来决定如何去实现这些目标。”

第三，鼓励员工的工作激情。员工不是机器，在工作中都会遇到失去信心、泄气、缺乏动力、茫然无措的时候，在这些情况下，管理者应该切实发挥出“教练”的作用，去给员工鼓劲，给他们指明方向，让他们重拾信心，以全新的精神面貌接受工作中的挑战。

第四，让员工意识到路还需要他们自己去走。管理者不管是充当指导还是“教练”的角色，都不能代替员工去直接完成工作。管理者所做的只是使每个员工通过帮助和指导，最终将所学的知识与技能和自己的个性有机结合，形成自己独特的解决问题的方式，但是中间的路还需要他们自己去走，还需要他们自己付出汗水与不懈的努力。

第五，及时进行反馈。通过管理者的“教练”行为，让员工知道自己哪些事情做得对，哪些事情做得不对，哪些工作完成得比较出色，哪些还需要提升……所有这些都需要从反馈信息中获得，这对提升员工的工作能力来说，是一个必不可少的环节。

管理者要在工作中给予员工具体的指导，目的是让员工提高完成工作的能力，这种能力的提高有一个演变渐进的过程。

第一阶段：讲解和示范。

管理者的讲解和示范通常要回答以下几个问题：

(1)此项工作有什么重要性？

(2)此项工作的要点是什么？

(3)完成此项工作的流程与标准是什么？

(4)在操作中哪些地方比较容易出错？

(5)员工在此项工作中需要扮演什么角色？

第二阶段：员工动手实践。

在讲解与示范完成后，就应该让员工自己去做。让员工从学习一项技能，到真正掌握一项技能，并能独立应用到实践中，还需要一个过程。

第三阶段：员工具备了独立工作的能力。

在对员工进行过相应的指导并经其动手实践后，如果没有什么意外，那么就可以让他去独立工作了。当然，在让员工独立工作之前，管理者需要先明确下面几个问题：

(1)怎样让员工去表现出他的能力？

(2)在技能上有什么具体要求？

(3)允许出现多大的偏差？

(4)员工何时可以进行独立工作？

2. 不要给员工过大的压力

郭刚是一家大型制造类企业的采购经理，工作能力很强，深得公司高层领导的赏识。他能从一个中专毕业生坐到现在这个位子，也是因为工作一直都非常努力。因为自己的成功经历，他也希望员工个个都像自己一样，将全副身心都放在工作上。在小郭的部门内，员工不能做任何与工作无关的事情，比如不能闲聊天，不能打私人电话，也就是说所有的时间都必须用来投入工作，否则就会受到他的指责。他总是试图填满员工的所有工作时间，认为只有这样才能多出成绩。在他的领导下，员工似乎一直都有做不完的工作，而且其中甚至包含一些没有任何意义的工作。

小郭还要求自己的员工要养成“早到晚退”的习惯，由于自己有加班的习惯，所以他也要求员工每天必须加班一个小时，即使员工无事可做，也不能离开。假如员工没有按他的要求去做，那将“永无出头之日”，不是被晾在一边，就是被解雇。甚至，他也将员工的节假日进行了重新安排，以适应他的工作节奏。

郭刚的管理举措在员工中引起了很大的怨言，员工们普遍反映自己完全没有私人的时间和空间，随时都要受到经理的管制和监督，个人的自由受到了严重的限制，他们感觉快要疯掉了。

郭刚就像一个手执皮鞭的幕后“推手”，他恨铁不成钢，想把自己部门员工塑造成最优秀的员工，但却是事与愿违，员工们却由于压力太大而怨声载道。

在郭刚这样的管理者看来，员工只有将所有的精力、时间都放在工作上，并且一直在忙碌，他们才能放心，认为这样才能对得起公司给他们的薪酬，员工的价值才能得到体现，自己的价值才能得到体现。

但是，在人性化管理被普遍提倡的今天，这种管理风格必然会受到来自方方面面的质疑。每个员工首先是一个追求自我发展和实现自我人生价值的个体，然后才是一个从事工作、有着职业分工的职场人。对于大多数人来说，工作并非是他们生命的全部，并非每个人都像管理者一样敬业，一心只为工作，也不是每个人都发自内心地愿意时时受到监督和管制。相反，大多员工希望能有更多的时间考虑个人的发展问题，希望在工作之余的时间也能补充知识、提高技能，还希望能有充足的时间休息娱乐。这是员工对人性化管理的一种合理需求。

因此，管理者在开展工作时，不应该“推”得太多，“催”得太紧，给员工造成过大的工作压力，因为这样做只会适得其反。管理者应适当采取人性化的方式、方法，而不是主观的以组织意志或管理者意志来约束和限制员工。

3. 积极去帮助员工

在帮助员工成长的过程中，管理者应该扮演好以下几种角色，这样才能起到对员工的积极拉动作用。

第一，教育者。加强对员工的教育是一个企业组织进行文化建设和团队建设的最基本手段，也是最关键的一种手段。通过教育，能够端正员工的工作态度并提升员工的个人修养。因此，如果一个中基层干部不能有效利用教育这一手段去解决员工的态度问题和认识问题，那么采取的一切管理措施都将大打折扣。我们看到，有些管理者总是抱怨员工素质不高、境界太低、太关注眼前利益而缺乏长远抱负，殊不知，员工之所以出现这些“缺陷”，恰恰是管理者工作不到位，没有恰当实践自己教育者职能的结果。

第二，培训者。通常来说，不论是中层干部还是基层干部，他们或多或少都会在专业知识和技能、工作能力和经验等方面优于下属员工。因此，通过扮演培训者的角色，来使员工变得和自己一样优秀，也就成了中基层管理者的一个迫切任务。

第三，扶持者。教育和培训能够有效解决员工的态度和技能问题，但却无法帮助员工解决执行中遇到的突发事件和特殊情况。为此，中基层干部还要扮演一个扶持者的角色，在员工执行的过程中，及时发现他们在工作中的不足，并诚心诚意地去帮助他们改正，这将是对提升员工执行能力的最大支持。具体来说，管理者应该加强巡回管理，到工作一线去帮助下属解决实际问题。

第四，教练员。通过前面的教育、培训和扶持，会使员工更加称职，而教练员的角色则是对管理者提出了更高的要求，也对员工提出了更高的期望。我们知道，运动场的教练员是用来培养冠军的，他们的职责是要让运动员变得优秀，而且要让运动员比自己更加优秀。因为优秀的教练员自身可以不是世界冠军，但他们却有能力培养出冠军运动员。毫无疑问，当一个管理者具备教练员的素质和境界时，其部门、团队的执行力自然会很强。

第五，“啦啦队”队长。在体育比赛中，存在一个“主场效应”，也就是运动员在主场作战时往往会发挥更好，这其中除了心理作用外，还有一个重要方面，那就是“啦啦队”也在起着积极作用，他们的加油助威，会让运动员表现得更加出色。在带领员工“冲锋陷阵”时，管理者也应该担当起“啦啦队”队长的角色，在工作中，要对员工的每一点进步、每一个好的表现、每一份业绩都做出及时而由衷的肯定与赞美。

“放手”是为了更快让员工成长

有这样一类管理者，在他们眼里，员工永远是长不大的“孩子”，总担心他们难以承受重任；他们总是什么事都自己亲自出马，独当一面；他们反对下属单独行动、独自与外界接触，总害怕他们将事情搞砸；他们不给员工冒险甚至尝试的机会，处处呵护着他们……这样做，久而久之的结果就是，员工像温室里的花朵一样适应力极差，若没有上司给他们布置的“温室”环境，他们就无法生存。这样带出的并不是有胜任力的员工，而是“温室中的花朵”。

让员工更加有胜任力的理想做法是带员工渐入“佳境”，让他胜任工作甚至比你更优秀，而不是永远不撒手。因为一个管理者的成功不在于他自己能做多少事，而在于他能够带出多少优秀的员工，在于他能否清楚地了解每个下属的优缺点，然后在适当的时候派员工去做他们适合干的事。

事实上，这本身也是衡量管理者是否胜任的一个标准。一个胜任的管理者，不在于他会不会做具体的事务，而在于他有无本事发动别人做事，最具胜任力的管理者总会利用别人的力量获得成功。

迈克尔·戴尔开始创业时还在大学读书，在作息时间上习惯晚睡晚起，所以公司刚开始运作时，每天必须早起对戴尔来说就成了一件很痛苦的事情，而戴尔又是唯一一个有公司钥匙的人，所以每次只要他睡过头，等他走到公司附近时，就会看到二三十个等待上班的员工在门口闲晃，等着戴尔来开门。由于戴尔经常迟到，导致戴尔公司刚成立时，很少在九点半以前开门。后来，开门时间逐渐提早到九点。到最后，公司终于改成八点上班，而戴尔也开始把钥匙交给了别人。对戴尔来说，要交出去的，显然还不止办公室大门的钥匙。

有一次，戴尔正在办公室忙着解决一个复杂的系统问题，有个员工走进来，抱怨说他的硬币被可乐贩卖机“吞”掉了。戴尔有些不满，反问他：“这种事为什么要告诉我？”员工说：“因为贩卖机的钥匙是你保管的。”那一刻，戴尔才知道，应该把自动贩卖机的钥匙交给别人保管。

戴尔的经历给我们的启示是：你也应该适时将“钥匙”一一交给员工，让他们自己去打开工作中遇到的每一把“锁”，而不能总是替他们保存“钥匙”，握住不放，甚至每次都是亲自去帮他们开“锁”。

1. 形成一种良性的过渡机制

管理者在带队伍时，应该形成一种良性的机制，要想建立这种机制，应该对以下几个问题进行回答：

(1)哪些员工需要上司的带领与指导？

(2)对员工要进行何种程度的指导？

(3)对员工进行多长时间的指导，如何指导？

(4)员工什么时候才不需要上司的带领与指导，衡量标准是什么？

弄清了这些问题，管理者就会知道什么时候员工已经“渐入佳境”了，进而也就可以放手让他们去独当一面了。

在这方面，著名房地产经纪公司“我爱我家”做得非常到位。在该公司的招聘信息中，我们可以看到类似的介绍——“我爱我家”作为百家连锁的大型经纪服务公司，具备完善的培训体系和业内最专业的讲师。从前期入职的 3 天入门培训，到 15 天店内基础知识考核培训，再到 3 个月经纪人转正考核培训和 5 个月的精英拓展培训等等，保证对员工的成长做到无微不至的关怀。

在现实中，“我爱我家”也是这样带队伍的。经过培训课后的合格经纪人，会被分配到相关的店面。随后，他们将接受来自店长和助理的实战指导，具体内容包括：如何寻找房源、如何寻找客户、如何进行房源和客户的配对、如何和客户进行电话沟通等。尤其值得一提的是，在新员工和顾客沟通的过程中，店长会亲临现场，从开场白、语气、如何打消客户的顾虑等方面进行全方位的指导。

新员工过了电话沟通的关后，还不能独自去面对客户，通常会在店长和资深员工的带领下一同前往。这样做的目的，一是避免新员工由于没有经验而将业务搞砸，另一方面也是为了发现新人在现场沟通上的不足，回来后再进行针对性的调整与改善，直到新人在接见客户时将一切情况应对自如时，才被允许单独执行任务。

事实证明，“我爱我家”基层管理者的这种带队伍方式是行之有效的，他们确实能够让员工“渐入佳境”，也因此带出了一批批由不胜任岗位到胜任岗位的优秀员工。

2. 果断地对员工进行授权

古人说：“自为则不能任贤，不能任贤则群贤皆散。”其意思是说：凡事喜欢事必躬亲者，往往不能够任用贤能的人，进而会导致贤能的人劲儿不往一处使。因为，管理者如果总是凡事亲力亲为，不仅会让自己的工作被各种琐事填满，还会在很大程度上打击下属的工作热情，甚至造成人才流失。

一直对员工不放手，是对员工能力的一种不信任。由于领导不肯放权，下属在工作中就施展不开手脚，他们会感觉自己的价值得不到承认，就会消极怠工，如果所有的员工都这样，那整个团队的战斗力如何就可想而知了。

因此，对员工不要总是不放手，必要的时候，要授予相应的权限，让他们自己去“闯”。其实，员工没有你想象的那么差，所以，对于不善于授权的管理者来说，首先要扭转自己的观念。只有充分授权，你才能实现“抓大放小”，才能进行高效管理，同时也能给员工一个证明他们自己的机会和舞台，充分发挥其工作积极性。

授权是现代管理最重要的组成部分，管理者永远不要幻想一个人支撑全局。一个不愿授权、什么都替下属干的管理者，什么都干不好。授权其实很简单，就是将权力授予其他人，以使其完成特定的任务，它将决策的权力从组织中的一个层级移交至一个更低的层次。当然，授权不同于参与。

3. 大胆让员工去“折腾”

新下线的空客A380飞机在首次试飞时，飞机上有一批特殊的乘客。他们是空中客车公司从世界各地分支机构的1.5万名自愿报名员工中抽取的1900名员工，这些员工在获得了体验自己工作成果机会的同时，被告知了这样一条特殊的要求——在飞行过程中要尽量去“折腾”，尽其所能地把舱内的各种设施和系统使用到极限。

按时下人们的理解，这不是典型的“瞎折腾”吗？但是这类“折腾”却能够将众人的聪明才智发挥出来，充分发现飞机在飞行过程中的各种问题，以及所能达到的极限。

对员工放手的一个重要表现就是，要允许他们去“折腾”。当然这里所说的“折腾”，不是胡乱折腾，其本意在于反反复复不厌其烦地努力寻求最佳效果。

之所以这么说，是因为“折腾”的过程是一个发现问题的过程，也是一个不断充实自我、检验问题的良性循环过程。像空客 A380 飞机试航这样有实际价值和现实意义的“折腾”，虽然略显另类，却充满了自信和从容。这样的“折腾”，会“折腾”出名堂，会让员工更能尽到其职责。

很多成功者的经历启发我们，不论是在工作中还是生活中，只有具备了敢于“折腾”的精神，才能出奇制胜，才能鼓捣出一些名堂。而管理者敢“放手”，也是让员工快速成长的方法之一。

适当给员工“压压担子”

日本电产集团会长永守重信在其名为《成为“带领他人”的人》的书中写道：“如今是个危机四伏的时代，高层领导必须处处给部下指明方向、明确任务，这样员工才会时刻有危机感。”

就如永守重信所说的，管理者所扮演的角色是带领员工走向成功的那个人。有胜任力的员工不仅仅是靠招聘等途径获得的，更是靠卓越的管理者一步一个脚印耐心地带出来的。

秦末，各地纷纷爆发反秦武装暴动，项梁和项羽等人也在山东、河南一带起兵，并连续击败秦军，打了好几个胜仗。但是，在定陶，他们却被秦将章邯率领的大军击败，项梁也战死了。项羽率领残余的楚军，准备渡过黄河向北攻击赵地。渡河之前，项羽下令将渡船全部凿沉，饭锅都全部砸破，岸边的房屋也统统烧光，每人只发三天的干粮。这就是我国历史上著名的“破釜沉舟”的故事。项羽希望以此来宣示自己的决心，同时也让将士觉得这一仗“只有拼命，绝不后退”，才有可能取胜。在这种精神的指引下，楚军一渡过河，犹如猛虎下山般拼命攻击，迅速将秦军包围，截断了其运粮的后路，经过一场恶战，终于将秦军打得落荒而逃。

“破釜沉舟”是领导者在危难之际的一种极端的鼓舞士气的策略。它的极端之处在于，是用置自身于死地的办法来激励士气，以求得生存。这种“置之死地而后生”的方法，对于实现既定目标，能够起到极大的正向推动作用。

在培养下属的胜任力上，很多管理者可以从“破釜沉舟”中有所借鉴。尽管员工在工作中很少遭遇那种“置之死地而后生”的非常情景，但他们却需要时刻保持一种危机意识、一种压力感，这样才不至于得过且过，不思进取。

我们看到过太多的看上去精力充沛、足智多谋的员工，但由于平时没有压力而满足现状，不思进取，纵然有好的潜质，但是在实际工作当中也是成绩平平，毫无起色。

如果员工长期处于没有压力的状态下，必然会惰性大发，懒散成性，进而会影响整个部门的效率、干劲和胜任力。

人很多时候都是被逼出来的，越大的压力，越多的挑战，越加速逼迫其成为一个有胜任力的人才。

让员工充分施展才华，更加有胜任力，就是要敢于给他们“压担子”。给员工“压担子”，会使其产生被信任感和高度的责任感。俗话说“多深的地基多高的墙”，但是地基本身并不会“砌成”高墙。要在“深地基”上垒出高墙，最重要的条件就是给员工提供用武之地，给员工“压担子”，使他们敢于挑战自己、超越自己，不断获得新知识，掌握新本领，不断有创新，不断去做挑战性强的工作。

给员工压担子，会使压力变成动力。那些具有挑战性的工作不是轻易就能完成的，它会给人以很大的压力。而过大的压力会使人不堪承受，但没有压力人则会觉得轻浮、困惑。所以，在挑战中承受压力并使之变成动力，再加上自己的聪明才智和不断努力，是不断提升员工胜任力的方法之一。

1. 实现压力与动力的良性循环

孔子曰：“取乎其上，得乎其中；取乎其中，得乎其下；取乎其下，则无所得矣。”意思是说：追求高的目标，最终得到中等结果；追求中等目标，最终得到一般结果；追求一般目标，恐怕就没有什么收获了。

在给员工压担子的时候也是同样的道理，要将施予员工的压力稍微拔高一个层次，这样才能激发出他们的潜力与干劲，从而实现由压力到动力的良性循环。

海尔曾提出了著名的“斜坡球体理论”：他们将员工的发展比作斜坡上的圆球，圆球的下滑力会让球体堕落；同时，圆球下面还存在一种对抗性的力量——支撑力，它不仅能保证球体高高在上，还能推动球体向上滚动。

其中，“下滑力”反映到员工身上，主要表现为惰性、不自信以及经受挫折后的消极心态。而“支撑力”则来源于员工身上的优秀品质、企业的凝聚力、愿景以及相关的激励机制。通常，当“支撑力”大于“下滑力”时，球体就会沿斜坡上行。同样的道理，较高的压力也可以激发员工的活力，将其潜能充分释放出来，充分调动员工的工作热情，将压力转化为动力，从而提高“支撑力”，推动球体不断上升。

在这样一种上升的过程中，员工的胜任力也随之上去了，这样自然能带动公司效益的提高。而公司效益的提高反过来又能让员工产生强烈的成就感，“公司即我，我即公司”的主人翁精神就会油然而生，于是，员工的工作积极性会更加高涨，胜任力会更强。这样的良性循环将是公司发展的最佳状态，也是管理者梦寐以求的。

2. 给员工以危机感

太过安逸的环境，是不利于员工的成长与进步的，很多管理者往往意识不到这一点，他们只求部门内的和谐，试图营造一种“你好，我好，大家好”的内部工作氛围，而不懂得去为下属“制造”危机感。

实际上，适当地“制造”一些危机感对管理者和员工都不无好处，因为太过安逸、稳定的工作，一般会影响员工的工作绩效。而且，如果长此安逸、稳定下去的话，不仅对企业造成损失，对个人的贻害也会很深。那些长期处于安逸工作环境中的人，一旦遭遇不可避免的变化时，往往会束手无策，坐以待毙。

挪威人的渔船返回港湾，鱼贩子们都挤上来买鱼。可是渔民们捕来的沙丁鱼已经死了，只能低价处理。渔民们哀叹起来："上帝，我们太不幸了！"

原来挪威人爱吃沙丁鱼，挪威人在海上捕得沙丁鱼后，如果能让它活着抵港，卖价就会比死鱼高好几倍。但是，由于沙丁鱼生性懒惰，不爱运动，返航的路途又很长，因此捕捞到的沙丁鱼往往一回到码头就死了，即使有些活的，也是奄奄一息。

但这其中只有汉斯捕来的沙丁鱼还是活蹦乱跳的，而且很生猛。商人们纷纷涌向汉斯："我出高价，卖给我吧！"

汉斯严守自己的秘密，直到他死后，人们才打开他的鱼槽，发现里面只不过是多了一条鲶鱼。原来当鲶鱼装入鱼槽后，由于环境陌生，就会四处游动，而沙丁鱼发现这一异己分子后，也会紧张起来，加速游动，如此一来，沙丁鱼便活着回到了港口。这就是所谓的"鲶鱼效应"。

管理者带队伍也是同样的道理，员工如果长期习惯了稳定、习惯了安逸，就会缺乏新鲜感和活力，产生惰性。

工作中的危机感并非是一件坏事。毫无危机感的部门，反倒应该引起管理者的注意，所以，管理者必须去"制造"适当的危机感来激励员工的工作，让他们感到自己的工作离不开压力和危机感。而当员工战胜他们面临的挑战时，他们就会更加自信地去应对危机，应对挑战，胜任力更强，从而对部门做出更大的贡献。

3. 仅有压力还不够，还要有奖励

一个人骑着骡子赶路，他两只手里分别拿着一只胡萝卜和一个棒子。他把胡萝卜挂在骡子的眼前，这样一来，骡子感到只要自己一直往前走，就能吃到美味的胡萝卜。而这个人手中拿着棒子的目的则是提醒骡子：如果不好好往前走，就会挨棒子。于是骡子在胡萝卜的吸引下，就一直往前走，但又始终吃不到。

这则寓言中，“胡萝卜”是激励因素，“棒子”是压力因素。也就是说，让骡子赶路是可以的，在它试图偷懒时，用棒子给予一定的惩罚也未尝不可。但在相应的时候，你应该让骡子吃到胡萝卜。否则，只有“大棒”没有“胡萝卜”，它会罢工的！

在员工眼里，高压是“棒子”，高收入是“胡萝卜”。而对管理者来说，要将二者配合使用，缺一不可，也就是在给员工压担子的时候，还要让他们看到“胡萝卜”，对员工进行激励，让他们看到完成任务后的好处。若两者相互配合得好，就能起到取长补短的效果，而且能提高整个部门的工作效率及胜任力。

4. 压力需适度

给员工“压担子”，并不等于无限制地给他们制造压力，虽说员工的潜能是无穷尽的，但他们的实际压力承受能力毕竟有限，一定要把握好度，否则就过犹不及了。

在给员工“压担子”时，要注意以下两点：

第一，要注意加量适度，遵从适量原则。

员工不是机器，他们的心理和生理的承受力是有限的，因此，管理者不能一味增加压力和工作量，不管部下的死活，否则，部下的胜任力没有得到提升，却折损了部下积极性，这种管理就是不成功的管理了。

第二，要注意劳逸结合，为员工提供适当的休息调整时间。

员工能从充实的工作中感受到快乐和成就感，但为了使员工拥有工作激情，具备持久战斗力，还要让他们养成劳逸结合的工作习惯，因为适量的休息既能提高员工的工作效率和工作热情，又能给员工补充动力，同时增进上下级之间的团结，有利于下一步管理工作的顺利开展。

让员工实现自我管理

在智慧女神雅典娜神庙上刻着这样一句话："认识你自己。"应用到管理学中就是自我管理的思想。所谓自我管理，简单而言，就是指个体对自己本身，对自己的目标、思想、心理和行为等等表现进行的管理，自己把自己组织起来，自己管理自己，自己约束自己，自己激励自己，最终让自己的胜任力实现飞跃。

是否具备自我管理能力是目前企业非常重视的员工的素质之一，如果员工不会自我管理，那么就会给上级不能胜任的感觉。

最近，刚刚升职部门经理的雯雯感到力不从心，员工们尽管看上去都很优秀，但似乎大小事情都要来请示，更让雯雯想不通的是，她的辛苦并没有为她的管理工作带来起色，还有几名员工同时跟她提出要辞职，而且他们的理由都是觉得没有个人施展的空间。

"难道真的是我没有给他们提供发展空间？"雯雯感到很困惑。

雯雯的问题说到底就是没教会员工自我管理，因而导致他们有才无处施展，给人一种不能胜任的感觉。其实，管理者胜任的一个基本体现就是要通过行之有效的管理或领导，来逐渐实现员工的自我管理。因为员工是有思想、有创造力的个体，尤其是那些高素质的员工，他们能够主动改变部门工作的各个方面，所以让员工学习自我管理，不仅能大幅减少组织在管理上面的成本，同时也将使其效率大幅提升。此外，当员工能够做到自我管理的时候，他们的胜任力也将会提升到一个新的高度，最终带来的是部门整体胜任力的提升。

当然，让员工实施自我管理还需要具备一个前提，那就是员工应该是优秀的，有进行自我管理的潜质，这一点是值得每一个管理者用心关注的。

日本社会学家横山宁夫曾说过："最有效并持续不断的控制不是强制，而是触发个人内在的自发控制。"因此，摆在管理者面前的最佳"控制"之道就是去触动员工内心自我管理、自发控制的力量。这可以从以下方面入手：

1. 帮助员工进行自我管理能力测试

并不是每一个员工都有自我管理的能力，在确定让员工进行自我管理前，可借助下面的表格对他们的个人工作能力及胜任情况做出评估。

自我工作能力评估

A. 是否能在工作中发挥创造力？

B. 是否可以通过技能学习来提高工作质量？

C. 是否发生过由于上级的干涉而引起的失误？

D. 是否发生过由于报告不及时而让上级催促的情况？

E. 在工作过程中，面对自己解决不了的问题，是否会及时向上级反映？

F. 是否出现过由于擅自做主而影响合作的情况？

G. 是否能够在规定的时限内完成任务？

H. 是否制订了周密的工作计划，并严格按计划推进工作？

I. 是否善于总结工作中的经验教训，并运用到今后的工作中去？

评估自己是否称职

A. 是否充分了解自己的职位？

B. 是否充分了解上级对自己的期待？

C. 是否充分意识到自己的合作对象对自己的期待？

D. 是否能主动积极地担负起自己的工作责任？

E. 是否需要和别人合作完成自己的任务？

F. 是否对自己的职责负责到底，让上级一直信赖自己？

G. 是否勇于改善自己的绩效？

自我管理能力评估

A. 在开始工作前是否先列出提纲或重要事项？

B. 是否清楚上级交办的工作的目的？

C. 是否善于借助各种工具？

D. 是否能找出完成工作的关键因素或两个以上的解决方案？

E. 是否能够准确估计出完成各项工作所需的时间？

F. 是否能够估计出完成各项工作的质量水平？

G. 是否能够注意到那些比较容易出现问题的工作并加以特别留意？

H. 是否能够在发现自己的能力、经验或时间有所欠缺时，去请求上级支援？

2. 适当的“无为而治”是员工实现自我管理的前提

只有懂得“无为而治”的管理者，才有善于自我管理的员工。

在管理上看似“无为”的谷歌成立仅仅十几年，就成长为全球范围内首屈一指的互联网巨头，令人难以置信。曾经在谷歌公司任职的李开复在自传中有过这样一段描述：“曾经有一个员工告诉我：‘我不认为所有的人都适合谷歌的工作方式。适合它的人会非常开心，不适合它的人会无所适从，因为没有人告诉你应该怎么做。’”

李开复一语道破了谷歌文化的核心，那就是谷歌的员工必须学会有效的自我管理，而这种自我管理是和公司“无为而治”的管理氛围密不可分的。

“无为而治”，就要给员工充分施展才华的空间，要给员工以充分的话语权并酌情采纳其建议，激发员工对工作的参与感和工作热情，将心比心，员工自然会很努力。

3. 让员工具备胜任典范的素养

员工只有拥有了一定的素养，才能具备自我管理的条件。要培养员工们自我管理的意识，首先要去了解他们为什么缺少这一意识。为此，我们对近百名表现出畏惧和担忧的员工进行了访谈，最终得到以下几个原因：

第一，不够自信。很多员工不相信自己的能力，也不相信自己能够很好地处理好工作。

第二，不愿意承担更大的责任。以往，上级给员工安排了工作之后，即便是出了问题，也会有上司帮自己兜着；但是实行自我管理之后，员工就要面对新情况了，他们必须要学会独自承担责任。而且，随着目前团队意识受到了越来越广泛的强调，很多人的工作也和团队有着紧密关联，这就给员工造成了更大的压力和责任，正如一名员工所说“以往我只需要承担自己的责任，但现在我却要承担整个团队的责任”。

第三，缺乏自我管理所需要的技能。在以管理者为核心的情况下，员工只要根据上级的安排去行事就行了，而不需要去考虑任务的主次、如何筛选、先后顺序、如何统筹安排等问题，但在被要求自我管理后，这些都成了他们不得不去考虑的问题，但由于之前缺乏类似的经验，也使得他们并不具备相应的技能。

第四，大多数员工只关心自己的工作，而不注意团队协作与配合，最终导致自我管理滞后于团队步伐，这样使得团队工作节奏出现混乱。

针对以上这些问题，管理者应该从以下几个方面入手去培养员工的胜任素质：

首先，要增强员工的自信心。一个最好的管理方法就是让员工先从简单的事情做起，这样比较容易取得成绩，而细微的成绩也能给员工带来满足感和自信心。如此一来，员工的自信心将逐渐增强，而且他们挑战更大困难的念头也会越来越强烈，进而就可以给他们安排一些更具难度的工作。

其次，要注意培养员工的团队责任意识。目前有一种“轮流管理”的方式，这一方法对于培养员工的团队责任意识很有效果。“轮流管理”的意思就是让每个员工都去体验一下管理整个团队的感觉，时间可以是一天，也可以是一周，根据团队具体情况来定。这样做的最大优点在于，可以有效培养员工的团队责任意识，所谓“不在其位，不谋其政”，员工只有身处团队管理者的岗位上，才能养成站在团队整体的角度上去考虑问题的习惯，从而增强他们承担更大责任的意识和信心。

最后，要进行系统的技能培训。不管是员工的时间管理还是沟通技能，都是可以通过培训来提高的。

其实，自我管理是一种习惯，也是可以培养出来的。

4. 坚持以结果为导向的简单管理

通用电气前 CEO 杰克·韦尔奇有一句名言："管理效率出自于简单。"复杂的管理只会是员工实现自我管理的羁绊，以结果为导向的简单管理意味着要给员工充分的独立处理事情的空间，给他们的空间越大，他们就越珍惜，这是自我管理的一种好办法。

"榕树下"总经理张恩超说："'榕树下'的管理方式是唯能力论，在评价一个人或者一件事时会以结果为导向。这样判断一个人的能力既简单又直接，也很有效果。

这样的以结果为导向的简单管理模式，让"榕树下"的员工都处在一种融洽的工作氛围中，而且他们都能做到严格要求自己，以达成超出领导预期的结果。

无独有偶，著名的宝洁公司采取的也是同样的管理措施。宝洁公司有一项"一页备忘录"制度，它是宝洁公司多年来进行简单管理的智慧沉淀。"事实上，任何建议或方案多于一页对我们来说都是浪费，甚至会产生不良的后果。"宝洁的员工这样说。就这样，看似简单的一页纸却体现了结果导向管理的精髓，也培养了员工自我管理的能力，养成了简单做事、高效工作的优良习惯。

给员工充分的理解与尊重、信任和空间，那么，员工也一定会领情，他们会自觉、自愿地回报部门、回报组织。